CHARLES DIGUET

Nos amis... ...Les bêtes

OUVRAGE ILLUSTRÉ DE 31 GRAVURES
D'APRÈS LES DESSINS DE MAUREL

PARIS
LIBRAIRIE FURNE
JOUVET & Cie, ÉDITEURS
5, RUE PALATINE, 5

Nos amis...

...Les bêtes

TYPOGRAPHIE FIRMIN-DIDOT ET Cie. — MESNIL (EURE)

CHARLES DIGUET

Nos amis...

...Les bêtes

OUVRAGE ILLUSTRÉ DE 31 GRAVURES

D'APRÈS LES DESSINS DE MAUREL

PARIS

LIBRAIRIE FURNE

JOUVET & CIE ÉDITEURS

5, RUE PALATINE

Nos amis...

...Les bêtes

CHAPITRE PREMIER

NOS AMIS... LES BÊTES.

Le commerce des bêtes rend l'homme meilleur. C'est au contact de ces êtres inférieurs dans l'ordre de la création qu'il fait son apprentissage de la vie. De par leur instinct, les animaux ont plus vite que l'enfant la notion exacte de ce qui leur est bon ou de ce qui leur est mauvais.

L'instinct de ceux-là est complet alors que notre intelligence sommeille encore.

Bien avant l'enfant, l'animal a le sentiment du temps, de l'espace, des couleurs, des bienfaits, la reconnaissance, l'entendement, le jugement, partant la faculté de comparaison. Il sait se soumettre alors que tout n'est encore que révolte dans l'enfance humaine en face de l'obstacle qui brise sa volonté. Peu à peu chez l'enfant, l'intelligence se développe, parce que la nature humaine est perfectible, tandis que chez l'animal elle atteint, à son entrée dans la vie, l'état de perfectionnement auquel elle est appelée dans l'ordre moral. En naissant, l'instinct est complet : de là une supériorité momentanée sur l'intelligence encore voilée à l'aurore de la vie humaine ; mais l'évolution se fait de jour en jour et reconquiert cette prépondérance que lui a assignée le créateur.

L'homme a été établi le roi de la création et il n'est au pouvoir de personne de le déposséder de ce privilège.

A mesure que la raison se fait jour chez l'homme, il prend possession de la terre sur laquelle il est né et des animaux qu'elle produit. Son rôle de roi terrestre commence, il en use selon son libre arbitre : faculté aussi terrible qu'admirable, évidemment prouvée par la conscience.

L'animal n'a qu'un instinct, mais son intelligence très aiguë parfois déroute les observateurs superficiels ou de parti pris.

De ce que l'animal ne soit pas perfectible en tant qu'instinct, il ne s'ensuit pas que son intelligence ne se développe pas par les soins de l'homme et à son contact. Ceux qui ont quelque peu vécu avec les bêtes savent à quoi s'en tenir sur ce point.

Dans la même espèce, mammifères ou oiseaux, on rencontre des caractères très différents, des individualités : les uns sont tristes, d'autres gais, les uns méfiants, les autres confiants ; il y en a d'humbles, il y en a de fiers ; on en voit de sournois, et de foncièrement honnêtes.

Ne sont-elles pas touchantes les premières larmes...?

Ce sont les chiens et les perroquets qui nous ont fourni le plus de preuves concluantes à cet égard. Tous dans notre enfance nous avons été plus ou moins mêlés à la société des animaux; nous en avons eu autour de nous de tout poil et de tout plumage : chiens, chats, chevaux, moineaux, oiseaux de toute sorte. Aussi, chacun, pour peu qu'il ait observé et se rappelle, a-t-il en son souvenir maintes anecdotes charmantes sur leur compte.

Nos premières manifestations d'autorité ont eu pour objet ces êtres secondaires, aimables, lesquels ont eu les premières marques de notre affection, et ont été quelquefois hélas des souffre-douleurs !

J'ai dit en commençant que le commerce des bêtes rend l'homme meilleur. Enfant, c'est par elles qu'il apprend la joie et la tristesse, et que son cœur s'ouvre à la compassion. Ne sont-elles pas touchantes les premières larmes qu'il verse sur l'oiseau ou l'animal associé à ses jeux, enlevé subitement à son affection? Les animaux sont ses éducateurs, ils initient sa jeune âme à l'amitié, au renoncement à soi-même, à l'obéissance. Ils lui donnent les premiers exemples de dévouement, de reconnaissance et jettent dans son esprit la première notion de la mort. Le cœur a tout à gagner dans la fréquentation quotidienne de ces êtres qui, reconnaissant sa domination, se soumettent humblement à ses volontés, si heureux d'être approuvés.

Devenu homme, il trouve dans cette société quelque chose de rassérénant qui le distrait tout d'un coup des vilenies de ses semblables; de ce commerce il sort imprégné d'une philosophie douce. L'affection enfantine qu'il leur portait naguère s'est modifiée, il les aime mieux, non seulement pour lui-même comme autrefois, mais encore pour eux-mêmes, et s'il leur fait sentir sa domination, c'est avec mesure; si sa main est de fer, elle est gantée de velours. Il garde son rang, ne s'abaisse pas, mais joyeusement il en fait des compagnons de délassement, et comme ce sont des êtres qui vivent, ont des tristesses, des chagrins, il leur évite la souffrance.

L'enfant qui a pour habitude de torturer les animaux — il y en a — est une créature perverse, lâche et hypocrite, dont on ne peut attendre rien de bon. Dans le cours de la vie, à peu d'exceptions près, il sera pour ses semblables ce qu'il aura été pour ces humbles.

L'homme qui maltraite les bêtes se dégrade, il impose à ces êtres vivants une souffrance inutile, c'est un barbare; en se mettant au-dessus de l'humanité, il se ravale au-dessous de la brute elle-même. En l'espèce, bien des crimes demeurent impunis. Si le mot crime peut paraître de prime abord excessif, nous allons le justifier en racontant un petit drame qui s'est passé, il y a à peine deux ans, dans une villa des environs de Paris.

Le lecteur jugera. Un homme, une créature raisonnable, avait une chienne de chasse, qui faisait la joie de ses enfants, se prêtant à tous leurs caprices, en bonne bête de son espèce. Un matin qu'elle était en train d'allaiter ses petits, le maître l'appela. Absorbée par ses devoirs de mère, hésita-t-elle une seconde à se rendre à une injonction qui ne souffrait pas de retard, son maître voulait-il s'amuser, sa résolution était-elle prise à l'avance? Nous ne savons;

toujours est-il que le tyranneau répéta vigoureusement son ordre. La voix était tremblante de colère, l'animal ne s'y méprit point; il arriva la queue basse, presque rampant pour obtenir son pardon : ses deux petits, les babines encore barbouillées le suivaient buttant de-ci de-là, réclamant le reste de leur pitance, dont on les privait si lestement. Ce tableau était bien fait pour apaiser sur-le-champ une colère plus ou moins motivée. Ah! bien oui.

Le forcené tire de sa poche un revolver et vise la chienne arrivée à trois pas de lui. Il avait choisi pour la tuer, le moment où, entourée de ses petits, elle accomplissait les devoirs si touchants de la maternité. Mais la balle dévie et va lui casser la clavicule. Sanglante, éperdue, la pauvre bête pousse un cri de douleur, pique à travers le jardin, trouve une porte de service ouverte et s'enfuit affolée dans la campagne. Un quart d'heure ne s'était pas écoulé qu'elle revenait se traînant difficilement, toute rouge et gémissante à la grille de la villa, là où sont ses petits. Ceux-ci, accourus à l'appel maternel, se sont collés contre la grille qui les sépare de la mère; à travers les barreaux celle-ci a passé son museau et essaie de les caresser, puis jappe tristement afin qu'on lui ouvre. Toute meurtrie qu'elle est, elle ne pense qu'à eux, elle saura par ses nouveaux témoignages d'affection les réconforter contre cette chaude alerte. Mais le monstre lui aussi l'a entendue, il accourt et la blesse à nouveau d'un second coup de revolver, puis, exaspéré de n'avoir pas accompli son œuvre, il ouvre la grille.

La victime a encore la force d'agiter la queue pour montrer la joie de rentrer à la maison si peu hospitalière, mais à laquelle tant de liens la rattachent. Son grand œil triste, anxieux, est tourné vers le maître; quelle faute lui a donc valu cette épouvantable aventure? Mais, c'est bien fini, on lui ouvre et les petits sont autour d'elle.

Non point, ce n'est pas la fin. L'homme lui attache une corde au cou, la fait de nouveau sortir du jardin, l'entraîne pantelante à travers le village, et, la tenant ainsi, va la faire empoisonner par un pharmacien. Il assiste à son agonie, enfin c'est tout, son martyre est terminé!

J'ai tenu à raconter simplement sans phrases ce drame tel qu'il s'est accompli et je demande si cet homme n'a pas réellement commis un crime! crime qui ne relève pas de la justice, mais de la conscience.

Il ne faut pas sans doute sacrifier l'homme aux animaux, la vie de ceux-ci est à sa discrétion; mais l'humanité s'étend aussi aux bêtes. Les uns aiment les animaux à ce point qu'ils laisseraient souffrir une pauvre créature, plutôt que de priver leur chien ou leur chat d'une friandise; d'autres au contraire en font des martyrs de chaque jour, de chaque heure. Les uns sont aussi abominables que les autres. Il y a une manière de traiter les animaux comme ils le méritent, c'est de les placer immédiatement après l'homme.

Demandons pour eux justice et compassion. Tout ce qui vit a un sentiment, tout ce qui aime a le droit d'être aimé, tout ce qui souffre a droit à la pitié.

Mais, c'est là assez de tristesse, occupons-nous maintenant de nos amis les bêtes, dans leurs relations intimes avec nous et du charme qu'elles ont dans la domesticité.

CHAPITRE II

LES CHIENS.

La plus belle conquête qu'ait faite l'homme à notre avis, c'est celle du chien. Aucun animal ne lui est comparable pour l'intelligence et le dévouement. Lui seul, entre tous, ne connaît pas le *moi* lorsqu'il s'agit de son maître, de celui auquel il a fait le sacrifice de sa volonté voire même de sa vie.

Il est docile, sensible à la peine comme à la joie; il apprend, comprend, se souvient, compare, déduit et pense. Tous, depuis le roquet jusqu'au montagnard, ont cet instinct naturel qui établit leur supériorité incontestable sur les êtres de l'ordre inférieur.

On peut tout lui demander, il est prêt à tout : à la garde de la maison ou à celle des enfants, même à celle des camps, à sauver l'homme perdu dans les montagnes couvertes de neige comme aussi celui que les eaux menacent d'engloutir. Il est apte à toutes les éducations les plus élevées comme les plus basses.

Sur l'ordre du maître, il se fait féroce et peut même devenir voleur.

Il est bon avec les bons, mauvais avec les méchants, mais il est toujours soumis.

Ami des mauvais jours, il vous console de bien des chagrins, avec lui point de déception. Le maître en guenilles auquel il s'est donné est pour lui le souverain, le seul dont il reconnaisse l'autorité. Il se fait humble avec les misérables, orgueilleux avec les superbes, comme s'il avait compris sa mission; le chien du pauvre abandonné est souvent un prodige de bonté, de sollicitude et de finesse éclairée à tirer des larmes.

Cet animal a été créé avant tous les autres pour notre utilité et notre satisfaction.

Lorsque le Psalmiste s'écrie : *Nolite fieri sicut equus et mulus quibus non est intellectus* (1), il dégage de ce mépris, apparent et spirituel, le chien. En effet, celui-ci est le premier dans l'ordre des créations inférieures.

Dans son histoire des temps préhistoriques, sir John Lubbock nous dit que le chien était probablement le seul animal domestique chez les Esquimaux. Au commencement, le chien et l'homme chassaient ensemble — l'intelligence de l'un dirigeait la vitesse de l'autre. — Peu à peu l'intelligence s'imposa et l'homme devint le maître; alors le chien fut employé à d'autres usages : on le mit au traîneau; on en fit un animal de travail.

Là, où les tribus se firent bergers, leurs chiens en firent autant. Pline raconte comment les anciens dressèrent les chiens à la guerre. Il dit dans le même ouvrage que les Fuégiens — habitants de la terre de feu — dressent leurs chiens à attraper les oiseaux et ce dressage est si accompli qu'ils rapportent à leurs maîtres tous les oiseaux pris sans

(1) Gardez-vous de devenir comme le cheval et le mulet qui sont sans entendement.

le moindre bruit. Les chiens des Indiens les assistent pour capturer les poissons aussi bien que les oiseaux. Ils ont l'air de chiens de rue mais sont intelligents et faciles à instruire. Le filet est tenu par deux Indiens qui vont dans l'eau; les chiens, faisant alors un grand circuit, plongent après les poissons et les chassent dans le filet.

On peut admirer, chez nos bons voisins les Belges, des

Là, où les tribus se firent bergers...

chiens vigoureux attelés à des charrettes de laitières, de boulangers et de bouchers, qui trottent gaiement, à travers les rues, sur les routes. Il n'y a pas encore bien des années, on voyait des attelages semblables à Lille et dans la zone frontière de la France; mais on a cru devoir, par humanité, interdire l'emploi du chien de trait alors qu'on le conservait pour faire tourner de grandes roues. Nous avons été à même de voir très souvent et d'observer le chien de trait dans les grandes villes et dans les campagnes; or notre avis est que ces chiens employés à ces petites charrettes ne sont pas aussi malheureux qu'on veut bien le penser. Pour mon compte, je crois qu'aucun d'entre eux ne troquerait sa destinée contre celle de ses congénères obligés, la plupart du temps, de dévorer leur ennui derrière les grilles des chenils. La vie des chiens de trait, quoique dure, est saine; pour peu qu'on veille à ce qu'ils ne soient point maltraités et à ce qu'il ne leur soit point demandé de travail excessif, je vous assure que cette vie au grand air, gaie et conforme à leur nature, ne me révolte en aucune façon.

Ces équipages des humbles travailleurs, bien vus, ont plutôt un côté touchant que révoltant; ils représentent l'association de l'homme et de l'animal, en vue de la lutte pour la vie. Si, par ce que j'appellerai un excès de sensiblerie, on interdisait d'employer les chiens comme animaux de trait, cette interdiction tout à coup équivaudrait à un arrêt de mort pour ces bonnes bêtes qui ne demandent qu'à vivre; ce serait un coup porté bien témérairement à la nombreuse famille des humbles à laquelle ils tiennent par le côté utilitaire et par l'affection dont ils sont l'objet. Puisque l'on a interdit les attelages de chiens, pourquoi tolère-t-on l'attelage des chèvres, et dans les jardins publics l'attelage des autruches? pas plus les uns que les autres ne justifient l'exception. Ce sont là fantaisies de luxe qui ne devraient point avoir la préférence.

De tous les animaux, le chien est le seul peut-être dont l'entendement s'entre-bâille à l'idée primordiale qu'il faut gagner son pain.

On écrirait un gros volume avec les anecdotes authentiques sur l'intelligence, la fidélité et les actes héroïques des chiens. Nous avons dit qu'on les dressait à tout, au vol comme aux métiers les plus divers. Un terre-neuve de forte taille sous poil noir dépourvu de collier pénétrait dans les magasins qui entourent la place de la Bastille. On le vit un moment flairer autour de lui; tout à coup, à l'étalage

Chiens attelés à une charrette.

d'un marchand d'habits, il saisit un paquet de gilets de laine et s'enfuit avec rapidité emportant son butin. Les garçons de magasin se mirent à sa poursuite, l'arrêtèrent, prirent le paquet et conduisirent le délinquant chez le commissaire de police Il résulta des déclarations de plusieurs personnes que cet animal était dressé au vol. Une marchande ambulante déclara que quelques instants avant d'avoir commis le méfait pour lequel il était appréhendé, il avait tenté de lui dérober un paquet de lacets. Le chien a été mis en fourrière et, le véritable voleur ne l'ayant pas réclamé, il a été pendu.

Le pauvre !

Il a payé pour le coupable.

Voici un autre terre-neuve qui lui, s'est mis du côté de l'autorité.

La scène s'est passée au Havre. Plusieurs prisonniers étaient conduits de la prison au palais de justice; tout à coup, l'un d'eux prend la fuite. Les passants témoins de cette évasion courent après lui ; mais celui-ci est bientôt hors de vue. Un chien, accompagnant son maître, voyant la foule courir, et excité par les cris qu'il entend, s'élance à son tour, atteint rapidement le fugitif, le saisit par ses vêtements, et le maintient jusqu'à l'arrivée des agents.

Une demoiselle appartenant à une grande famille anglaise fut trouvée sans vie dans le logement qu'elle habitait seule depuis quelques semaines. La mort remontait à plusieurs jours. Près du corps se tenait gémissant un irish terrier qui, fidèle à sa maîtresse jusqu'au bout, se jeta sur les policemen et les médecins qui voulaient en approcher. Il fallut engager une véritable lutte avec le pauvre animal pour l'éloigner.

Au milieu de la nuit, le feu se déclare dans la boutique d'un épicier de Kington (Ontario), le maître de la maison était absent ; il ne restait que la mère qui était couchée et aurait péri infailliblement dans les flammes sans le chien de la maison, un terre-neuve. Se rendant compte du danger, il se précipita en aboyant contre la porte de la chambre de la vieille dame et l'éveilla assez à temps pour lui permettre de se sauver. Quant à lui, il périt asphyxié, victime de son dévouement.

Un livre d'or des toutous démontrant leur intelligence consciente, mentionnant les noms de ces obscurs héros de tous les pays, de toutes les races serait d'une lecture non seulement intéressante, mais encore instructive et pleine d'enseignements !

Ainsi que l'homme, les animaux, en particulier les chiens, ceux-ci en raison de leur caractère éminemment sociable, contractent des liens d'amitié : le culte pour le maître, l'amitié pour une créature de leur choix appartenant à leur race ou même à une espèce absolument disparate, c'est là leur vie.

Entre animaux semblables, les cas d'amitiés ne sont pas rares.. Voici un exemple des plus touchants dont j'ai été témoin.

Il existe une coutume odieuse dans quelques villes de province, notamment à Marseille et au Havre, pendant les mois de juin, juillet et août. A cette époque, et par mesure de prudence, assure-t-on, une voiture ou plutôt un tombereau appelé vulgairement le corbillard des chiens, circule dans les rues de ces villes depuis sept heures du matin jusqu'à huit heures du soir, râflant tous les chiens que l'on rencontre sans muselière, fussent-ils à la suite de leur maître. La voiture funèbre, peinte en rouge, traînée par une haridelle, est accompagnée par le conducteur qui se tient à la tête du cheval. D'un côté du véhicule marche un agent de police et de l'autre un grand escogriffe muni d'un lazzo ; tout chien pris est brutalement jeté dans le tombereau.

Cela dit, la chose se passa comme il suit au Havre, ville renommée.

C'était sur le boulevard de Strasbourg, la voiture rouge s'avançait lentement sur le milieu de la chaussée. L'homme au lazzo surveillait la voie, les trottoirs, fouillait du regard les allées ouvertes afin de découvrir une proie à jeter dans le panier. Les habitants, à la vue du funèbre cortège, s'empressaient de s'assurer si leurs chiens avaient réintégré leur domicile. A vingt pas en avant de la voiture, folâtrait un joli petit griffon blanc et orange. L'individu au lacet l'avait aperçu; il s'avançait doucement, méthodiquement; c'en était fait, il allait le saisir! Soudain, un barbet muselé, qu'on n'avait point aperçu, traverse le boulevard comme un ouragan, saute sur le petit toutou imprudent, le prend entre ses jambes, le pousse du nez et le conduit au pas de course dans une boutique située à plusieurs maisons en avant. Après quoi, satisfait de son action, il revient en face de sa maison à lui, s'assied sur le trottoir puis regarde philosophiquement passer le cortège.

Il avait sauvé son camarade. Celui qui ne riait point, c'était le préposé à cette besogne.

J'appris le lendemain que ce barbet-sauveteur avait lui-même été pris et jeté dans le tombereau huit jours avant, puis conduit en fourrière. Son maître se l'était fait rendre moyennant quarante sous. Quant à lui, il se souvenait de son triste voyage; dans sa sagacité, il avait compris que la muselière était le seul passeport devant lequel s'inclinait l'autorité; aussi avait-il mis sa triste expérience au service de son congénère imprudent.

Cette anecdocte authentique véritablement émouvante

dans sa simplicité suffit pour donner la plus haute idée de l'intelligence et des qualités morales du chien.

Ce brave barbet avait été surnommé dans le quartier

La lionne et le chien ratier.

« le maître d'école » à cause d'un cercle de poils blancs qui contournait ses yeux en formant lunettes.

Ailleurs, c'est un chien qui sauve son maître enlizé dans un marais, en allant au village voisin chercher du secours, forçant par une pantomime expressive l'attention de ceux qu'il rencontre et se faisant suivre jusqu'au marais.

Il n'est pas rare de voir des chiens contracter des amitiés

inexplicables avec des animaux d'espèces très différentes, soit que ces attachements naissent de circonstances forcées, soit de sympathies de caractère.

On a constaté l'amitié des chiens en général pour les poules et les emplumés d'une basse-cour à quelqu'ordre qu'ils appartiennent.

L'oie en particulier fait fréquemment commerce d'amitié avec eux. On raconte que l'une d'elles, attaquée par un renard, ayant été sauvée par un mastiff, voua à celui-ci une affection extraordinaire. Elle abandonna le troupeau, alla loger dans la niche de son sauveur : elle le suivait dans ses promenades dans la ferme et jusqu'en ses promenades quotidiennes au dehors. Ce chien devint malade et l'oie ne le quitta ni jour ni nuit : on fut obligé de mettre auprès du malade de la nourriture pour elle, sans quoi elle se fût laissée mourir de faim.

Une lionne bien connue qui mourut dans un âge avancé au Jardin Zoologique de Dublin était dans ses dernières années devenue si faible qu'elle n'avait plus la force de repousser les rats qui lui mordaient les pattes. On songea à introduire dans sa cage un bon chien ratier. La réception ne fut pas encourageante pour le nouvel hôte, car un formidable rugissement accueillit son entrée; mais aussitôt que la lionne eut vu comment son compagnon traitait le premier rat, elle comprit les services qu'allait lui rendre le terrier et sa conduite changea incontinent. Elle l'attira à son côté, l'embrassa dans ses pattes : quant à lui, il veillait avec un soin jaloux à ce qu'aucun de ses ennemis naturels ne troublât le repos de sa noble amie.

Un terrier s'était pris de la plus vive amitié pour une tortue; il ne prétendait point qu'on approchât d'elle et poussait la jalousie au point de montrer les dents à quiconque s'avisait de troubler leur tête-à-tête. Il passait son temps à lécher la carapace du chélonien et à le suivre dans toutes ses promenades.

Beaucoup d'entre les animaux domestiques sont jaloux de l'affection de l'homme; cette jalousie que j'appellerai immatérielle, particulièrement vive chez le chien, le perroquet et le bouvreuil, n'est-elle pas une preuve à ajouter à tant d'autres de la reconnaissance par l'animal lui-même de l'essence supérieure de l'homme?

Il y a une vingtaine d'années, un fonctionnaire de l'administration des forêts avait ramené de Dresde un de ces énormes braques qui fleurissent en Allemagne; la fille aînée en avait fait de suite son favori et obtenu qu'on lui accordât ses petites et ses grandes entrées dans l'appartement. L'animal était si doux, il se prêtait avec tant de complaisance aux caprices de sa jeune maîtresse — un vrai tyran — il montrait pour elle un attachement si absolu, enfin il y avait un contraste si piquant dans la domination de cette frêle blondine sur cette bête gigantesque que les parents, enchantés, encouragèrent la liaison et permirent que le chien dormît, la nuit, sur un tapis, devant le lit de son amie. On ramena de la campagne un second enfant qui était en nourrice et la situation se modifia; le chien fut complètement délaissé pour le petit frère, que la sœur aînée aimait beaucoup et avec lequel elle pouvait jouer presque pour de bon à la maman; l'abandonné en conçut une irritation manifeste, devint triste, morose; quand la petite fille embrassait le baby, il levait sur eux ses yeux sanguinolents et grondait sourdement. On négligea ces symptômes, on s'en amusa.

Un jour que les enfants étaient restés seuls avec leur compagnon et que l'aînée berçait le petit garçon sur ses genoux, le braque, sans provocation aucune, s'élança sur celui-ci et, d'un coup de dent, lui enleva un morceau de la joue.

Aux cris on était accouru.

Tandis qu'on emportait les enfants, le père avait pris un pistolet, et avait tiré sur le chien. Atteint mortellement, la misérable bête eut encore la force de se traîner dans la chambre où l'on avait transporté sa petite amie, et ce fut sur son tapis, les yeux fixés sur elle qu'il expira. Le dénoûment n'est pas d'un tigre, mais la jalousie que l'on prête à celui-ci n'en est pas moins bien mesquine auprès de celle-là.

CHAPITRE III

LOVE I. — LOVE II. — FINETTE. — FOX. — DICK. — FROU-FROU. — VA-T'EN.

Nous rencontrons chez les animaux comme parmi nos semblables des caractères, des individualités : les uns sont tristes, d'autres joyeux, expansifs ; ils ont leurs passions, leurs tendances à l'image de l'humanité. Si le niveau de l'instinct est le même à toute l'espèce, l'intelligence que nous leur reconnaissons est plus ou moins subtile suivant l'individu.

L'atavisme se manifeste chez la bête ainsi que chez l'homme ; la preuve indéniable de ce fait ressort des qualités qu'on observe chez le chien de chasse issu de chiens d'ordre qui ont constamment chassé et dont le sang a été conservé pur.

Autant d'individualités, autant de sujets à observations intéressantes.

J'ai eu beaucoup de chiens, notamment des chiens de chasse, quelques chiens de luxe, qui tous pour moi ont été d'aimables amis, grâce auxquels en maintes circonstances j'ai pu contrôler l'intelligence consciente de certains individus.

Ma première chienne de chasse, un setter Gordon, présent de ma mère, m'a initié promptement au commerce de ces êtres dévoués qui paraissent comme murés parce qu'il leur manque la parole. J'ai appris beaucoup en sa compagnie et je garde précis bien des souvenirs qui n'ont pas peu contribué à me faire trouver plaisir à explorer par la suite le champ des observations :

Love, — c'était son nom, — toute jeune qu'elle fût, me prouva un jour que j'étais encore plus jeune qu'elle par l'expérience. Je venais de tirer un lièvre lequel, après mes deux coups de fusil, détala vertigineusement du chaume où il se trouvait, traversa la route et s'enfonça dans un champ de betteraves. J'avais tiré à côté, c'était mal, mais enfin le cas n'était pas pendable et je me rattraperais à la prochaine occasion. La chienne elle, avait vu le coup et était partie ventre à terre à la suite de la bête. J'eus beau la rappeler, siffler, tempêter, elle ne m'écouta pas plus que si je lui eusse parlé grec. Elle manquait au grand principe qui a décidé que le chien d'arrêt ne doit point s'emballer après un lièvre; je mettais cette course folle sur le compte de sa fougue. Seulement je me disais : ma bonne femme, au retour, tu vas étrenner. Il n'est rien comme la jeunesse pour être rigoureuse et faire valoir son autorité. J'avais perdu le lièvre de vue et bientôt je ne l'aperçus même plus.

Dépité de ce manque d'obéissance et encore plus sans nul doute d'avoir été maladroit, je retournai sur mes pas, car la journée tirait à la fin, me disant qu'elle saurait bien me retrouver. Une dizaine de minutes s'écoulèrent. Pas plus de Love que de beurre en broche. Décidément elle s'entêtait. Devait bien rire qui rirait le dernier!

Enfin je la vis qui pointait à l'horizon. Peu de temps après elle était à quelques pas de moi, écumante, me fixant de son grand œil bleu sombre. Elle n'approchait pas cependant, se tenant à une distance respectueuse. Évidemment elle se rendait compte de sa frasque. Je l'appelai. Elle s'assit à la distance où elle se trouvait et poussa un jappement inaccoutumé. Elle avait le nez tout barbouillé de terre; comme elle vit que je m'approchais, elle se leva et fit quelques pas dans la direction d'où elle venait, en réitérant ses jappements. A mesure que j'avançais elle s'éloignait; enfin, voyant que je la suivais, elle aboya joyeusement, accéléra le pas. Je la suivis et refis le trajet que j'avais accompli depuis le moment où je l'avais perdue de vue. A sa suite j'entrai dans la pièce de betteraves et j'arrivai tout au bout; alors elle se rapprocha sans crainte de moi, me regardant bien en face, elle se dirigea vers un fossé où je vis la terre remuée et se mit à gratter.

C'était le lièvre que j'avais tiré et blessé qu'elle avait enfoui! Elle y avait mis jusqu'à des feuilles de betteraves pour mieux le dissimuler.

La bonne bête avait surveillé le coup de fusil, elle avait tout de suite compris que l'animal était assez blessé pour qu'elle pût s'en emparer. Ne me voyant plus à sa suite, elle avait voulu me conserver le bénéfice de ma chasse et, opérant comme nous venons de le voir, elle était accourue m'informer du fait. Je n'ai pas besoin d'ajouter que « ma bonne femme » comme je l'avais appelée dans un moment de dépit rageur n'étrenna pas, mais que je la caressai ainsi qu'il convenait pour ce beau fait.

Évidemment dans le cas que je raconte il y avait eu de la part de Love un raisonnement très net : d'abord la conception que le lièvre avait été touché au coup de fusil et qu'elle pourrait le prendre; ensuite en le cachant, elle s'était rendu compte qu'on aurait pu l'enlever; enfin, en venant me prévenir par son langage muet que j'eusse à retourner sur mes pas, elle déduisait dans son petit jugement que l'animal tué par moi m'appartenait. Qu'on nomme cette opération de son intelligence du nom qu'il plaira, mon chien avait fait preuve d'association d'idées.

Une autre fois, c'était au bord de la mer, je tire un grand goëland qui, l'aile brisée, tombe à l'eau. Ce jour-là, la mer était très houleuse, or le gordon qui volontiers se jette dans les étangs et les rivières n'est point très brave lorsqu'il s'agit d'affronter les vagues d'une mer agitée. Je n'insistais même pas pour la contraindre à ce labeur pénible pour lequel elle n'était point faite. J'attendais toujours que l'oiseau atterrît de lui-même comme il advient toujours à tout oiseau blessé; mais notre présence l'en empêchait et il nageait toujours pour prendre terre plus loin. Je suivais ces évolutions marchant sur le rivage parallèlement à lui. Enfin voyant que le manège menaçait de se prolonger et qu'il n'était plus qu'à quelques brasses, je me mis en demeure de tirer mes brodequins pour aller le chercher moi-même. A ce moment, Love, s'armant de courage, se jeta à la mer, poursuivit le goëland jusqu'à ce qu'elle l'eût atteint. Après une lutte dans laquelle l'oiseau faisait usage de son bec et me causait des craintes sérieuses pour les yeux de ma bête, celle-ci s'en empara et me l'apporta. Donc le seul fait de m'avoir vu déchausser apprit à ma chienne que j'allais aller à l'eau! Pourquoi donc ne s'y mettrait-elle pas!

Un travail de raisonnement s'opéra dans sa cervelle, et ce travail me paraît bien voisin d'une déduction en forme. Je rapportai le goëland à la maison, je le mis à la basse-cour avec les poules et les canards : en cette compagnie variée, il fit bon ménage pendant cinq ans. Une nuit, par un fort coup de vent d'ouest, il disparut emporté sans doute par l'ouragan; peut-être retourna-t-il à la mer. Autre exemple de mémoire : celui-ci à l'actif de l'oiseau.

Chaque fois que, pendant son séjour à la maison, le goëland apercevait Love, soit à la basse-cour soit au jardin où on le mettait quelquefois, il se jetait sur elle cherchant à lui distribuer force coups de bec tandis qu'il ne s'émouvait en aucune façon de la présence des autres chiens. Il se souvenait que c'était ce chien à poil noir qui avait été le chercher dans les flots et avait par le fait contribué à sa captivité. Il ne se trompait point; sa rancune, s'adressant uniquement au chien qu'il jugeait cause de son malheur indique nettement la faculté du souvenir, par suite, l'idée de comparaison puisqu'il voyait indifféremment les autres chiens l'approcher.

Avant d'en finir avec Love première du nom, je tiens à rapporter une troisième anecdote qui démontre la ténacité de l'attachement de ces animaux et combien leurs sentiments d'affection sont toujours en éveil.

Pendant une absence assez longue, sept ou huit mois,

j'avais laissé ma compagne de chasse à la maison paternelle. Une nuit, j'arrivai inattendu dans ma ville natale, et je me dirigeai à pied vers la maison, longeant le mur du jardin qui donnait sur la rue. Je n'avais pas fait cinq pas le long de ce mur que j'entendis Love aboyer joyeusement, s'agiter au bout de sa chaîne, mener enfin un train qui réveilla toute la maison. Quand je frappai à la porte d'entrée on se demandait ce que signifiait ce vacarme insolite. A peine fus-je entré que ces aboiements joyeux dégénérèrent en véritables hurlements qui ne cessèrent que lorsqu'on fut allé la déchaîner. Et alors ce fut une joie folle; elle allait, venait dans la maison, m'apportant tous les objets qu'elle trouvait à sa portée. Un pareil accueil console parfois de bien des déceptions! Le lendemain, à son lever, elle courut du jardin à ma chambre, s'en vint gratter à ma porte comme elle le faisait au temps passé.

Il y a dans ce cas mieux que l'affirmation du souvenir, c'est l'affirmation de la perpétuité du sentiment.

Quelle leçon pour les créatures douées de raison!

Love II était d'un tout autre caractère : la dominante de l'état passionnel de la précédente était la passivité, tandis que la seconde se montrait plutôt altière. Elle tenait ce penchant de sa race; c'était un pointer bicolore or et blanc, le manteau fauve; la poitrine, le ventre et l'extrémité des pattes blancs. Au point de vue de la plastique et de la beauté de la tête, elle offrait le plus beau type que de ma vie j'aie vu. Ce sentiment n'était pas seulement le mien mais celui de tous ceux qui l'ont connue. Elle faisait retourner les passants comme l'eût fait une jolie femme.

A ce moment, [illegible] se jeta à la mer.

Son grand œil fauve et très doux avait des expressions humaines. Je conserve d'elle une minuscule photographie qui donne comme une idée de sa beauté, mais tant de choses ont le pire destin !

D'origine belge, issue d'un chenil illustre, elle me fut donnée au sevrage, ce qui m'a permis d'étudier par le menu ses instincts et de suivre pas à pas le développement vraiment prodigieux de son intelligence. Certes, elle justifiait bien son nom de *Love* (1) !

Ce serait franchir avec trop de désinvolture l'échelle de l'humanité que de pencher à admettre qu'elle eût un quasi sentiment de sa beauté et de l'acuité même de sa compréhension, toujours est-il que, chez aucun de ses congénères que j'ai eus en ma possession, je n'ai constaté une aussi nette affirmation du *moi*. De plus, choyée, gâtée même au delà de toute expression, il est bien probable qu'elle fit comme les enfants, qu'elle en abusa, et s'habitua aisément à se croire un personnage d'importance. Cependant, elle fut toujours pour les siens d'une extrême douceur et sa soumission à la maison était exemplaire : elle obéissait littéralement au geste et à l'œil, à ce point qu'à l'injonction : « Allez dans le coin », elle se dirigeait vers un des angles de l'appartement, se tournant la tête vers la muraille et demeurait ainsi jusqu'à ce que je levasse la punition. Si pour nous égayer, nous prolongions exprès le temps, ayant l'air de l'oublier, elle tournait la tête comme l'eût fait un enfant, mais sans se déranger. En ce moment, si mon regard était aussi sévère, elle se retournait vivement ; bien plus, si j'ajoutais

(1) Amour.

une simple parole, elle baissait la tête, je dirais presque avec humilité.

C'était bien le plus charmant animal que j'aie vu; il exerçait une réelle séduction sur ceux qui l'approchaient.

Love n'avait que deux défauts, mais par exemple ceux-là étaient de taille : elle était gourmande et voleuse au-delà de toute idée! Jamais je n'ai pu l'en corriger. Elle m'a joué sous ce rapport mille tours qui finissaient par être très amusants à cause de la rouerie.

C'était là son seul point vulnérable en ce qui touche ses qualités domestiques.

La chasse fut sa passion de toutes les heures; elle y fut incomparable au point de vue du nez, de la science à approcher le gibier et de son endurance. Sa soumission n'y était peut-être pas aussi absolue que dans le cours ordinaire de la vie, j'ai eu quelquefois à déplorer les effets d'une fougue de tempérament trop ardent.

Mais passons rapidement sur ces ombres au tableau pour ne songer qu'à ses brillantes qualités, aux manifestations d'une intelligence peu commune.

Le chien est un animal qui perçoit nettement les sons, retient les mots, comprend leur signification. Le vocabulaire le concernant est plus étendu pour lui que pour aucun autre animal; tout en ne lui accordant pas la parole, la nature lui a concédé ce don admirable de saisir par un travail comparatif qui s'effectue dans son cerveau le sens des mots qu'on lui adresse. Tandis que le vocabulaire pour le cheval, pour le mulet et l'âne se résume à six ou dix mots, le lexique du chien en comprend en moyenne de vingt-cinq à trente, sans compter de courtes phrases. J'établis cette moyenne pour l'espèce en général, car il y a des individus dont le lexique va bien jusqu'à soixante mots et plus.

Love était du nombre.

Elle n'était pas savante comme ce fameux chien de sir

Love II.

John Lubbock qui, paraît-il, avait appris à lire : — elle valait mieux, — elle saisissait à merveille le sens d'une phrase quand le mot dominant était prononcé clairement.

Sans doute, elle s'occupait peu des conjonctions, des qualificatifs, à moins que ces derniers ne fussent pris substantivement : le parler du bon nègre était assez goûté. Cependant, j'ai observé le fait suivant : une phrase prononcée entre haut et bas, alors qu'elle était couchée tournant le dos, comme si on s'adressait à une autre personne, était parfaitement comprise si elle avait trait même indirectement à la chasse. Elle se levait, venait sur-le-champ en demander la confirmation.

Un fait incontestable c'est que les animaux, indifférents à un idiome nouveau pour eux, n'ont d'entendement, sauf éducation ultérieure, que pour leur langue d'origine.

Love, ai-je dit, était gourmande et voleuse; le premier défaut est souvent accompagné du second attendu que celui-ci lui vient en aide. Mais ces deux vices étaient rehaussés par tant d'amabilité, de science, d'astuce même et par une perspicacité vraiment si pénétrante, qu'à part les grandes occasions on était soi-même vaincu. Elle avait le sens du bien et du mal en l'espèce si prononcé, qu'elle se trahissait quelquefois d'elle-même par une humilité qui n'était pas dans son caractère, et cela deux et trois heures après que le forfait avait été commis.

Sous ce rapport elle donnait lieu à des remarques particulièrement intéressantes.

A table, elle prenait pour obtenir ce qu'elle désirait des langueurs féminines auxquelles il était impossible de résister. S'avisait-elle de convoiter le pain qui était auprès de moi, elle mettait ses pattes sur mon genou, me regardait profondément, dirigeant sa belle tête vers ma figure, puis quand elle avait obtenu la caresse qu'elle semblait convoiter, elle se retirait en serpentant et prenait dans son recul le pain sur la table.

En d'autres temps, elle se rendait obséquieuse pour chacun; une serviette était-elle tombée, vite elle la ramassait et la présentait à la personne qui l'avait laissée tomber. Si on ne faisait pas attention à elle, elle se dressait, remettait d'elle-même ce linge sur la table, puis attendait une récompense. Comme celle-ci généralement ne se faisait point attendre, elle poussait la science jusqu'à tirer elle-même les fameuses serviettes afin de pouvoir les présenter l'instant d'après. Notez encore qu'elle était guidée dans ce manège par les choses qu'elle désirait le plus, aussi s'adressait-elle de préférence et cela plusieurs fois de suite à la personne dont l'assiette lui révélait le plus de gâteries à sa convenance.

Elle ne sortait presque jamais seule; mais quelquefois la domestique la prenait avec elle ainsi qu'une autre petite chienne.

Il m'était arrivé un jour de la faire entrer chez le pâtissier et de lui offrir un gâteau. La maison de la pâtissière lui fut dès ce moment-là tellement chère que chaque fois qu'on passait devant il fallait s'y arrêter : elle s'asseyait devant la porte, l'indiquant du regard. On la connaissait et elle y recevait toujours l'accueil qu'elle souhaitait. Or, je ne fus pas peu surpris de recevoir une note de gâteaux qu'elle était allée manger en compagnie de sa camarade Ravaude, soit qu'elle accompagnât la domestique, soit qu'elle eût fait une fugue. Dans ces cas-là elle ne faisait qu'entrer et sortir et on ne s'apercevait pas de son absence.

Au reste, la note présentée n'était pas lourde, parce que la pâtissière m'avoua qu'elle ne lui donnait que des friandises sans importance et puis cela se passait en province. Ces actions ne dénotent-elles pas la préméditation? En ces circonstances, l'animal ne pesait-il pas tout avant d'agir afin d'accomplir son désir?

Avait-elle vu sur la table de la cuisine quelque chose à son goût, son plan pour se le procurer était vite trouvé. Elle restait assise sur le seuil tant que la cuisinière était là. Celle-ci se rendait-elle au potager, elle sautait après elle en gambadant comme pour lui faire fête et la conduisait là où elle avait à faire. Quand elle la voyait bien occupée, elle détalait, reprenait le chemin de la cuisine puis s'emparait vivement de l'objet convoité. On fut pris plusieurs fois à cette ruse à laquelle on coupa court en fermant la porte.

Mais l'animal avait fait preuve évidente de prudence et de ruse.

A côté de ces exemples, peu édifiants peut-être au point de vue de la moralité, concluants cependant pour faire apprécier la somme d'idées très nettes que renferment ces cerveaux secondaires, j'en ajouterai quelques autres d'un ordre plus élevé dans lesquelles éclate visiblement la mémoire, ce don si souvent contesté, ainsi que la faculté de tirer des conséquences.

Le soir de la première ouverture que je fis avec elle, me trouvant à peu près à cinq kilomètres de mon habitation, et passant près d'un bois, la jeune bête s'emballa soudain et disparut dans les halliers. Je l'appelai vainement, le bois de peu d'étendue il est vrai, mais impraticable, à peine percé m'empêcha de la suivre. Un bon quart d'heure se passa. Rien! Était-elle repartie par un autre côté? Toute hypothèse était justifiable.

Je brûlai une cartouche sans résultat. Silence complet. La nuit tombait. Après avoir fait, à petits pas, le tour du

Chaque fois qu'on passait devant...

bois, fort inquiet, je pris le chemin de la maison non sans m'arrêter à chaque tournant de la route appelant toujours la disparue. C'était la première fois qu'elle chassait dans cette campagne; de plus, le matin, nous avions pris à travers champs, en sorte que la voie qui pouvait la ramener au logis lui était tout à fait inconnue.

Une pareille mésaventure enténébra tout à coup le souvenir de cette journée; je rentrai chez moi, à la nuit close, triste, déconcerté. Cette année-là, le dîner d'ouverture fut loin d'être gai! Chacun se donnait des espérances qu'il n'avait pas.

On la retrouverait! mais comment? Elle avait autour du cou le collier de force que je lui avais mis le matin. Pour le moment il n'y avait rien à faire, le lendemain je battrais le pays.

On dormit fort peu à la maison; aussi, vers les cinq heures du matin, entendit-on les jappements d'un chien arrêté devant la porte.

C'était Love!

Mais, en quel état! J'ai dit que, lors de son emballement, elle avait autour du cou le collier de force; or, elle arrivait sur trois pattes, la quatrième retenue dans le collier par les pointes y attenantes. Elle avait fait plus d'une lieue ainsi! La patte était tuméfiée, elle ne pouvait la poser à terre. Enfin nous la retrouvions; le chagrin de la veille et de la nuit se changeait en liesse.

En dehors de la difficulté matérielle d'accomplir le trajet dans la situation où elle se trouvait, trajet qu'elle a sans doute doublé et triplé par les voies et contre-voies, la pauvre bête a déployé une sagacité peu commune pour arriver à déchiffrer ce logogriphe dans un pays inconnu. Toute jeune (elle avait à peine quinze mois), elle s'est montrée aussi savante par un raisonnement qui nous échappe qu'eût pu l'être tout autre animal aidé par une longue expérience.

Voici maintenant comment je m'explique sa longue station dans le bois, ensuite la patte retenue par le collier.

Il est de toute évidence qu'elle s'était emballée après un lapin; elle a dû pénétrer à la suite du fuyard dans un roncier inextricable ou brousser à travers des souches garnies de scions. Une branche d'arbuste se sera glissée dans son collier un peu lâche et, s'accrochant aux pointes, l'aura tout d'un coup arrêtée. Impatiente de s'en dépêtrer elle se sera tournée, retournée si bien que le lien d'abord fragile se sera converti en nœud inextricable. Elle se sera servie de sa patte dans l'intention de se débarrasser du collier et la patte aura été elle-même prise. Enfin, elle aura rongé la branche qui la retenait prisonnière et elle se sera mise en route combinant sa marche, cherchant sa voie.

Je regarde ce fait comme très digne d'être consigné; il révèle l'intelligence et l'individualité même de l'animal.

Combien d'autres se fussent couchés dans le bois, attendant leur délivrance du hasard!

Autre fait indiquant une véritable association d'idées.

Au retour d'un voyage d'un mois en Belgique, dans lequel Love m'avait accompagné, je m'arrêtai plusieurs jours à Paris. J'avais ramené du pays belge un autre chien. Le séjour dans une ville de ces deux animaux ne pouvait leur être agréable; je m'empressai donc dès le lendemain de les expédier à Verneuil, dans l'Eure, leur résidence habituelle. J'écrivis de venir les chercher en gare par le train qui arrivait en ladite ville à midi. Le lendemain matin, prenant une voiture découverte, je me faisais conduire à la gare Montparnasse : Love à côté de moi sur la banquette et son compagnon Fox couché à mes pieds. Au départ, Love s'affala sur les coussins dans une béatitude coutumière lorsqu'elle était en voiture — elle s'y connaissait — ainsi en fut-il pendant la moitié du trajet. Arrivée aux deux tiers de la rue de Rennes, elle se dressa tout à coup, se mit à prendre le vent. A mesure que nous approchions elle semblait devenir impatiente, me consultant du regard et faisant aller sa queue en signe de satisfaction.

A la montée qui conduit à l'embarcadère, elle accentua son contentement par un aboiement joyeux. Lorsque nous descendîmes de voiture, cette joie redoubla. Le don d'observation se manifestait chez elle de la façon la plus éclatante.

La gare Montparnasse qu'elle revoyait était l'extrémité du fil non interrompu qui la reliait directement à Verneuil où étaient sa maison et ses chasses; elle le comprenait d'une façon sensible. Quand il me fallut traverser la salle des bagages pour la conduire au fourgon, elle chercha à prendre les devants pour arriver. En face du fourgon ouvert pour elle et son compagnon, elle y sauta la première sans chercher à demeurer auprès de moi, accoutumée cependant qu'elle était, lorsque le cas se présentait, à voyager dans le wagon que je prenais.

Le train s'ébranla, elle était partie.

Je télégraphiai de nouveau pour confirmer ma lettre. Quand le train stopa en gare de Verneuil, j'appris que, rompant son mutisme de la route, elle s'était mise à aboyer avec frénésie jusqu'à ce qu'on lui eût ouvert le fourgon. Elle avait reconnu sa ville et ceux qui l'attendaient sur le quai. Tout le temps du parcours, elle s'était maîtrisée parce qu'elle savait; elle avait surmonté ses répugnances du fourgon parce qu'elle se souvenait du passé et jusqu'à une certaine limite elle prévoyait l'avenir.

Elle ne tenait point en place.

La faculté d'observation se faisait sentir dans les moindres choses. Il m'est arrivé maintes fois de constater que le seul fait par la domestique de préparer mes souliers de chasse l'excitait au point que toute la journée elle ne tenait point en place, elle montait dans ma chambre, dans mon cabinet de travail, s'attachait à mes pas avec une ténacité vraiment touchante. Je ne parle point du maniement éventuel du fusil qui a le don d'éveiller les instincts de tous les chiens de chasse et de les maintenir en éveil; la confection par avance de cartouches — cette opération indirecte, très en dehors des objets passionnels — la surexcitait également. A la première heure, le lendemain, j'étais sûr de la voir arriver auprès de mon lit.

De ce fait renouvelé à satiété je tire une induction raisonnée.

Dans la maladie qui l'emporta, elle fit preuve d'une soumission, d'une douceur dont le souvenir est attendrissant; elle se laissa soigner comme l'eût fait un enfant docile demandant d'elle-même les potions; s'agitant en signe de joie, résignée lorsqu'elle entendait une parole affectueuse.

Très rieuse dans le cours de sa vie, en ses derniers jours, elle donna les preuves d'une vraie sensibilité.

Finette était une petite chienne épagneule, allant au roncier comme à l'eau, d'une vaillance dont l'anecdote suivante donnera une idée.

Un jour, je partis à la chasse sans la prendre, parce qu'elle était sur le point de mettre bas, et que je ne voulais pas la fatiguer. J'avais pour compagnon un chien anglais. Vingt minutes à peine s'étaient écoulées depuis mon départ que je vis arriver ventre à terre autant que le lui permettait sa position intéressante, ma bonne Finette. Elle vint droit à moi en gambadant et en souriant comme pour me demander pardon de son escapade. C'était bien contre mon gré qu'elle était là, mais enfin, elle y était et je l'eusse véritablement trop contristée en la renvoyant.

Je continuai donc à chasser, elle se mit à la besogne avec son entrain accoutumé. Après avoir tiraillé sur quelques cailles dans une luzerne, nous nous trouvâmes à portée d'une de ces doubles haies si abondantes dans la vallée d'Auge. Finette, comme elle en avait l'habitude, entra dans les ronciers et ne tarda pas à donner quelques coups de voix.

Elle aboyait d'une singulière façon, rien cependant ne paraissait.

Au bout d'un instant, elle sort du taillis, vient en face de moi, s'assied l'œil dirigé vers la haie. Suivant son regard j'aperçois un putois grimpé dans la fourche d'un orme. D'un coup de fusil, je fis dégringoler la bête puante que la chienne me rapporta après l'avoir étranglée; ensuite, elle retourna au fourré. Cette fois un lapin déboule, mais rentre aussitôt. J'excite Finette afin qu'elle continue son labeur qui n'était pas mince au milieu des enchevêtrements des ronciers. Mais, voilà qu'au lieu du lapin, c'est Finette en personne qui reparaît, joyeuse, non pas! triste; la queue entre les jambes, elle détale dans la direction du logis. Quelle idée lui avait tout à coup surgi, à elle, la vaillante?

Je la vois s'arrêter au milieu de la plaine, y demeurer quelques minutes, puis enfin reprendre sa route vers la maison. Décidément elle en avait assez.

Je cherche vainement à faire déguerpir le lapin à l'aide de mon chien anglais; messieurs les Anglais pur sang ne sont pas faits pour si ingrate besogne. J'allais renoncer au plaisir de caresser les os à Jean lapin, lorsque je vois apparaître de nouveau Finette. Elle rentre d'elle-même à la haie, débusque le lapin que je tue, puis elle retourne cette fois-là définitivement chez elle.

Qu'était-il arrivé ?

L'aimable petite bête avait, en chassant son lapin, ressenti les premiers symptômes ! Dans sa première fugue, elle avait mis bas au milieu de la plaine deux chiots ; on l'avait vue les portant à sa gueule, sauter avec son précieux fardeau par-dessus la porte de l'écurie.

Fox.

Après qu'elle les eut nichés dans la paille, elle était revenue faire tuer le lapin, puis elle était retournée dare-dare se livrer entièrement aux soins de la maternité. Cet acte met en lumière le double instinct de l'animal : instinct naturel, instinct passionnel, le dévouement jusqu'à l'extrême limite.

J'ai eu un chien du nom de Fox, un épagneul croisé avec du sang de colley qui a été un modèle d'abnégation et cela avec un caractère autoritaire, indépendant comme j'en ai vu peu d'exemples. En outre, c'était un affectueux pour les siens et les amis des siens ; il témoignait cette affection de la façon la plus bizare. A l'arrivée c'était une exubérance de démonstrations à n'en plus finir ; mais à l'heure du départ, lorsqu'il voyait prendre les chapeaux il s'asseyait dans un coin et si on venait à lui donner un signe d'affection, si même on le frôlait, il grognait, montrait

Il ne fait qu'un bond.

les dents, sans faire de mal toutefois. En un mot, il avait horreur de voir quitter la maison.

Les grognements sourds étaient au moment du départ une preuve indubitable d'amitié. Le tout était de se façonner à sa manière de procéder. Je l'avais confié à un garde de Chenevières pour le dresser, celui-ci me le rendit au bout de six mois, avec une demi-éducation : il arrêtait le faisan. Mais au fond, c'était un volontaire. Si, par aventure en promenade pour le dressage, il avisait des enfants allant à l'école ou en revenant, il courait sus, en empoignait un par le fond de la culotte, ce fond peu solide parfois lui restait en gueule et il le rapportait triomphalement. Les plaintes les plus vives ne manquaient point.

Cette habitude de fumisterie lui demeura encore quelque temps après que je l'eus repris. Ainsi, voilà qu'un jour en hiver, il avise un enfant qui portait un bonnet en poil de lapin : il ne fait qu'un bond, appuie ses grosses pattes sur l'épaule du marmot, malgré ses cris, enlève le bonnet et le secouant vigoureusement l'envoie rouler dans la boue.

Une autre fois, donnant un pas de conduite à une personne venue en visite et qui reprenait le train — nous étions aux environs de Paris — il se glisse sur le quai, saute dans le compartiment, aperçoit une petite fille tenant sur ses genoux un polichinelle, happe le jouet, saute à terre, puis disparaît. Émotion voisine de l'affolement chez les voyageurs.

On n'avait jamais vu chose pareille! Notre amie remboursa le prix du polichinelle, ce qui était la grande affaire pour les parents! et consola de son mieux l'enfant. Nous redoutions à chaque instant une nouvelle frasque, si bien que nous prîmes ce parti, d'interdire à Fox toute promenade en dehors du jardin à moins qu'il ne fût accompagné.

De ce moment Fox devint le type du chien du foyer, serviable, affectueux, dévoué; il allait partout à la cuisine même et jamais il ne se rendit coupable du moindre larcin, il assista plus d'une fois impassible aux rapines de ses compagnons, pour lui, il demeura incorruptible, sans cesse vigilant, honnête. Ce fut le modèle de la probité : encore une variété dans l'espèce animale.

Il me reste à parler de deux petits griffons écossais à longues soies blanc-Isabelle, Frou-frou et Dick, tellement semblables qu'on eût pu les prendre pour deux frères. Il n'en était rien cependant, l'un était Parisien, l'autre Belge; quant à leurs caractères ils se ressemblaient comme la nuit et le jour. Frou-frou était la belle humeur, Dieck l'amabilité un peu guindée; tous deux avaient un profond attachement pour leurs maîtres.

Le petit Dick faillit se laisser mourir de faim pendant une absence que fit sa maîtresse : deux jours durant, il refusa obstinément toute nourriture, ne se levant que pour aller à la grille aux heures où passait la voiture du chemin de fer : il regardait et comme le véhicule continuait sa route sans s'arrêter, il retournait se coucher. On fut obligé de rappeler sa maîtresse.

Voici une petite anecdote qui prouve sa sagacité et la façon tenace dont il dispensait ses amitiés. Il avait pour compagnons Frou-frou, que je viens de nommer, un chien de chasse et un chat. Il était jaloux de son congénère écossàis, réservé avec le chien de chasse, mais il portait une amitié sérieuse au chat.

Un jour, on lui donna une assiette de bouillie de froment. Il se mit immédiatement en devoir de satisfaire sa gourmandise : au bruit de l'assiette déposée dans le jardin, Frou-frou et Love étaient accourus flairant une franche lippée. Comme ils connaissaient l'individu, ils se tinrent à quelques pas de l'assiette, observant et attendant que le

Dick et Frou-Frou.

favorisé du moment eût fini pour avoir les miettes de sa table. Dick grogna bien un peu, mais il n'en continua pas moins son repas succulent, prenant les lampées doubles. Cependant la portion était énorme et il se vit contraint aux deux tiers de l'assiette de s'interrompre. Ses deux compagnons s'imaginant que leur tour était arrivé, s'avancèrent pour bénéficier du restant.

Notre Dick ne l'entendait point ainsi.

Il s'avança de nouveau vers l'assiette puis mettant son nez dessus commença à grogner.

Frou-frou et Love ne se le firent pas dire deux fois, ils

se reculèrent puis s'assirent de nouveau dans l'expectative. Dieck qui n'avait plus faim ne mangea plus; mais il s'établit en sentinelle pour garder les restes de son repas.

Il demeura ainsi immobile une bonne demi-heure; au bout de ce temps arriva du fond du jardin le chat, son favori, celui-ci miaulant d'aise courut au plat. Dick s'éloigna pour lui céder la place, toutefois il demeura à son poste surveillant les deux gourmands qui croyaient leur tour arrivé; il ne se retira que lorsque son ami eut complètement absorbé les reliefs de son festin. Ce petit chien a, en cette circonstance, démontré une activité vraiment personnelle; il s'est souvenu de l'ami absent, il a pensé que cette chose qu'on lui avait donnée lui ferait plaisir; en quelque sorte il s'est fait responsable en lui en assurant la jouissance, prouvant ainsi d'un côté son amitié, de l'autre son quasi-mépris pour ces solliciteurs survenus au milieu de son repas. Il a fait preuve de passion. L'attachement des bêtes les unes pour les autres va souvent jusqu'au sacrifice de leurs appétits.

Frou-frou a été un personnage de chien fort divertissant. C'était un indépendant, un despote dans son genre qui n'avait de soumission absolue que pour sa maîtresse, mais il était aimable pour tous, toujours en belle humeur.

Comme ses congénères, il ne tenait pas en grande faveur la musique, seulement, il faisait des distinctions. Certains airs le laissaient froid; mais les morceaux avec un bémol à la clé l'horripilaient; il entrait alors dans une exaspération inexprimable, s'asseyait au milieu de la pièce où l'on se trouvait, se mettait à hurler au perdu, à ce point qu'il fallait ou le renvoyer ou interrompre le morceau. Lorsque par hasard on se décidait à fermer le piano, sa joie ne connaissait plus de bornes, il s'adressait à chacun, témoignant sa joie, bondissant en plusieurs reprises sur l'instrument même qu'il semblait détenir en conquérant.

Il avait de petites rancunes (très éphémères du reste, car une fois le tour joué il était aussi aimable qu'avant) qui dénotaient son caractère autoritaire. Parfois la domestique avait coutume de le prendre lorsqu'elle sortait. Si elle refusait et qu'il eût escompté cette sortie, à peine était-elle partie qu'il allait incontinent vers la porte de la cuisine le long de laquelle il levait la patte et p... assait. Il savait pertinemment qu'en agissant ainsi il la désobligeait. J'en ai conclu que cette façon de procéder commune à la race canine pourrait bien être l'expression d'un mépris absolu.

Ah! tu n'as pas voulu m'emmener, semblait-il dire, hé bien voilà le cas que je fais de toi.

A la campagne, dans la belle saison, on lui faisait prendre fréquemment des bains; ce n'était pas ce qui l'enchantait le plus. Quand il voyait le bassin, les brosses, le savon, le drap blanc où il se roulait pour se sécher il prétextait d'ordinaire une course à travers le jardin ou se réfugiait dans la maison.

Rappelé enfin il se soumettait. Mais si la séance avait duré trop longtemps à son gré, quand il était bien net, les soies brillantes, encore humides il allait directement se rouler dans la poussière.

En cette circonstance, beaucoup plus rare que le jeu de patte que je viens de mentionner, il manifestait également son mépris.

Souvent au moment où j'allais partir pour la chasse, il se mêlait avec mes autres chiens, les précédait joyeux jusqu'à la sortie de la ville, puis tout d'un coup me faisait une révérence et retournait au logis. Il m'avait donné un pas de conduite.

Au retour, il s'inquiétait d'une façon plaisante de ce que contenait ma carnassière. Perdrix et cailles lui importaient peu; mais un lièvre lui faisait éprouver une sensation extraordinaire, il lui léchait le poil passionnément. Plusieurs fois dans la même journée il allait devant le cellier où était déposé le gibier, s'asseyait, aboyait jusqu'à ce qu'on lui eût ouvert la porte. Lorsqu'on obtempérait à son désir il allait droit au lièvre faisait des bonds pour parvenir à lui lécher ses pattes puis revenait satisfait. Notez que jamais il ne volait.

C'était un gavroche aimable, rempli de soudaines fantaisies qui nous divertissaient. Avec cela, comme tous ses congénères, un dévouement à toute épreuve.

Je finirai le chapitre ayant trait à nos bons amis les chiens en rapportant une anecdote contée par le docteur Lewis. Voyageant un jour dans l'ouest de l'Amérique et arrivant sur le soir dans un rancho, il admira fort une chienne Colley que le fermier n'aurait pas donnée pour 500 dollars. Elle venait d'avoir quatre petits et, rentrée des champs après une journée des plus fatigante, des plus mouvementée, elle leur donnait à téter.

On vint alors annoncer au ranchman que 20 moutons manquaient à l'appel. Deux chiens étaient là, se chauffant près du feu; néanmoins ce fut « Flora, » la chienne en question, qui fut commandée pour aller à la recherche des moutons perdus.

Le soleil disparaissait, il n'y avait pas de temps à perdre.

Flora parut d'abord peu disposée à quitter ses petits; mais, sur un ordre formel de son maître, elle partit, la tête basse, dans la direction qu'on lui indiquait. Toute la nuit, la pauvre petite bête erra dans la forêt noire, au milieu des ravins, des halliers, des épines, en quête du bétail; ce n'est que le matin qu'elle parvint à les ramener tous au logis; pas un ne manquait à l'appel.

Mais elle n'en pouvait plus : harassée, l'œil mort, les pattes en sang, ne répondant pas aux caresses qu'elle recueillait sur son chemin, elle se précipita près de ses petits et tomba endormie à leur côté.

On a parlé d'un chien qui était revenu de Mons (Belgique) à Paris retrouver son maître. Dans tout ce que je raconte dans ce livre, je ne fais mention que de ce que j'ai vu ou alors j'indique les sources.

Or, j'ai connu un loulou qui s'appelait *Va-t'en* qui est revenu dans la même journée de Corbeil (Seine-et-Oise) à Paris. Ses maîtres qui habitaient aux Batignolles l'avaient laissé dans leur propriété de Moulin-Galant, il avait fait 28 kilomètres, traversé Paris, à 11 heures du soir il aboyait à leur porte.

La sagacité et l'affection de ces animaux ne sont-elles pas admirables ?

CHAPITRE IV

UN CERF ET UNE BICHE. — LIÈVRES. — LE CHAT. — FIC-FIC. — LÉZARDS. — SOURIS.

Si l'on excepte les grands carnassiers : lions, couguars, tigres, léopards, panthères, jaguars ceux qui ne peuvent être tenus en cage que dans les jardins zoologiques ou dans les ménageries ambulantes, de plus les sauriens et quelques oiseaux de proie, presque tous les animaux peuvent être tenus en captivité et beaucoup d'entre eux domestiqués; les petits carnassiers, pris jeunes, nourris à la viande cuite, s'apprivoisent avec facilité et montrent constamment une grande douceur, à moins qu'on ne les dérange lors de leurs repas. Avec de bons traitements on vient à bout du plus grand nombre.

Mon frère et moi nous étions dans notre enfance passionnés pour les bêtes, aussi la maison avec jardin que nous habitions dans un port de mer, sur la côte normande, recelait-elle une collection assez étendue d'animaux de basse-cour, d'oiseaux de volière, de chiens, de perroquets divers, nous avions même une fouine.

Le calendrier des Grecs et des Romains que nous étudiions nous fournissait des noms pour tous les êtres composant cette nouvelle arche de Noé : il y avait un pigeon qui s'appelait Epaminondas, un autre Iris; un canard répondait au nom de Trasybule, un perroquet à celui de Thémistocle, un autre au nom de Solon; un coq s'appelait Coriolan, etc. Je ne dirai pas que ces vocables fussent toujours bien choisis! Ainsi je me souviens d'un canard baptisé Socrate qui était bien la plus mauvaise bête qui fût. Le philosophe ancien, si patient avec Xantippe sa femme, se trouvait fort mal représenté! Notre Socrate était la terreur de la basse-cour, il houspillait les poules, leur enlevait à chaque instant de quoi faire un lit de plumes pour les petits qu'il n'avait pas.

Il périt de mort violente comme le philosophe, on s'en débarrassa.

Notre petit jardin zoologique s'enrichissait, grâce à des parents marins et à deux amis de la maison, commandants de voiliers qui, au retour de leurs voyages au long cours nous rapportaient toujours quelque animal nouveau.

Un jour, c'était un couple de perroquets de la côte d'Afrique, une autre fois des chiens de la Havane, etc.

Il arriva qu'une fois un de nos cousins eut l'attention de se charger de deux caïmans à notre intention.

Heureusement les caïmans succombèrent pendant la traversée, et nous ne les reçûmes qu'en bocal à la grande satisfaction de notre mère. Ce fut un numéro de plus à ajouter au muséum.

Mais j'en reviens à nos moutons, c'est-à-dire au cerf.

J'avais alors douze ans.

Un matin on signala en rade le trois mâts *les Trois-Frères* commandé par un ami de mon père qui revenait du Bengale ; le lendemain un camion surchargé d'une énorme caisse à claire-voie s'arrêtait devant notre porte. Le capitaine des *Trois-Frères* accompagnait le colis. Aux clameurs poussées par le domestique, mon frère et moi nous accourûmes et nous aperçûmes dans cette haute caisse deux grands animaux gris sombre.

C'était une surprise que nous faisait notre vieil ami : un cerf et une biche du Bengale ! Du coup, notre jardin d'acclimatation allait avoir bon air. Si notre joie fut inénarrable, celle de nos parents fut sensiblement moins enthousiaste à la vue de ces nouveaux hôtes tant soit peu encombrants. Où allait-on les mettre? le jardin ne pouvait pas servir de parc à des animaux aussi remuants ; il y avait bien un grand hangar dans la basse-cour, mais encore qu'était-ce que cela? Nos parents n'avaient pas tort ; quant à nous, enfants, il nous semblait que toutes les bêtes de la création auraient pu élire domicile chez nous.

Le capitaine rassura ma mère en disant que c'était un dépôt provisoire que dans quelques jours on mangerait un cuissot de la chevrette.

Ma mère qui, pratiquement, voyait l'embarras que ces animaux allaient lui causer, n'entendait pas de cette oreille-là. On ne lui apportait pas des bêtes pour les tuer ensuite ; elles étaient entrées, par conséquent, elles faisaient partie de la maison, certes on ne les tuerait point ; plus tard on aviserait.

Expéditif comme un marin, le capitaine, aidé de deux

hommes, fit mettre la caisse dans le jardin, alla au hangar qu'il connaissait de longue date, le déblaya, fit faire une barrière en planches : deux heures après, le cerf et sa biche déjà familiarisés avec l'homme par plusieurs mois de traversée étaient confinés dans ce baraquement peu séduisant pour eux.

Quant à mon frère et à moi ; notre joie fut sans mélange. Nous ne songions guère à l'avenir, nous avions deux nouvelles bêtes à caresser, à éduquer ; c'était ce qu'il nous fallait.

Cerf du Bengale.

Au bout d'un mois nous étions les meilleurs amis du monde; aimables, dociles, ils nous obéissaient comme l'eussent fait des chiens. Parfois lorsqu'on les sortait de leur cabane, ils venaient dans le jardin, couraient après nous, frôlaient leurs têtes contre nos vêtements, cherchant dans nos poches un fruit ou une friandise. Que de fois nous avons senti sur nos joues leur bon museau noir, humide, comme s'ils voulaient nous donner l'accolade.

Ils ne se démentirent pas un seul instant de leur douceur pendant les neuf mois qu'ils furent si étroitement parqués, répondant l'un et l'autre à leur nom sans se tromper.

Cependant les bois du cerf grandissaient, et il eût été vraiment inhumain de les conserver ainsi ; aussi, bien qu'à regret, mon père résolut de s'en défaire. Il écrivit à

M. Geoffroy-Saint-Hilaire qui les accepta avec enthousiasme pour le Jardin des Plantes.

Le jour de leur départ fut un jour de deuil pour nous et pour eux, car lorsqu'ils traversèrent le jardin pour monter dans le wagon qui les attendait, leurs yeux se remplirent de grosses larmes. La biche, s'échappant, vint d'elle-même se réfugier derrière nous et se coucha; il fallut l'enlever de force. Je les vois encore, leurs grands yeux voilés, le cerf bramant et implorant de rester dans cette captivité, eux les amoureux des grands espaces.

Oui! ces animaux ont cela de commun avec l'homme qu'ils sont doués du triste don des larmes. Et ces larmes sont amères, car ils ne les versent que dans les moments de désespoir.

Mon père, chaque fois qu'il allait à Paris, s'empressait d'aller leur rendre visite dans leur enclos. Les bonnes bêtes le reconnaissaient, accouraient à sa voix comme par le passé. Le lendemain de ces rares visites le cerf, disait le gardien, manifestait pendant deux jours une sur excitation extraordinaire.

Il est mort avant sa compagne huit ans après son entrée au jardin; la biche demeura seule dans l'enclos et mourut deux ans après.

Je puis dire que j'ai connu beaucoup de lièvres! je les ai fréquentés à la chasse, en domesticité, de toutes les façons, ce qui m'a permis de les étudier et de les bien connaître je crois. J'ai maintes fois taillé ma plume à leur intention et j'estime que j'ai été leur historiographe consciencieux dans *Mémoires d'un lièvre*. « Serpolet et Serpolette », « Pauvre commandeur » de *Mes aventures de chasse*, éclairent la vie intime de cet animal charmant, prouvent son intelligence et la facilité avec laquelle on peut le domestiquer.

Dans sa vie nomade, l'observateur philosophe lit l'histoire de ses pensées, il démêle ses inquiétudes, ses frayeurs, ses espérances ; au cours de l'éducation, il apprécie ses qualités natives.

Ce lièvre très connu des chasseurs, on peut dire de tout le monde, est mal apprécié. Lorsqu'on a dit que c'est un trembleur un peu bébête qui se fait tuer par le premier venu, on croit qu'on a gravé son portrait à l'eau forte ! et sur ce sujet on se répète à satiété, les uns après les autres. Le lièvre est un animal fin, courageux, luttant contre l'homme avec une grande énergie, fécond en ruses ; en domesticité il se départ de son excessive timidité, devient un gai compagnon : d'un caractère charmant, il s'instruit sans peine.

J'ai eu des lièvres vivant en bonne harmonie avec des chiens et des chats; ils buvaient tous du lait à la même écuelle; un accord parfait n'a jamais cessé de régner entre tous. Les chats seuls conservaient une certaine réserve dans ce commerce d'amitié tandis que les chiens de chasse dont le cœur est plus vaste, l'intelligence plus élevée, les traitaient en amis du maître, personnages sacrés qu'ils eussent défendus au besoin contre toute agression.

Je ne rééditerai point ici les scènes charmantes dont j'ai été tant de fois témoin et que j'ai consignées dans les deux livres cités plus haut; j'y renvoie les lecteurs curieux de notes documentaires.

Le lendemain un camion s'arrêtait devant notre porte.

Le chat domestique, qui a eu pour défenseurs tant d'esprits distingués, notamment des poètes, répond à une nécessité, il a été créé, concurremment avec beaucoup d'êtres, comme un contre-poids dans la balance de la nature.

Lorsqu'il ronronne sur le coin d'une table.

L'homme s'en est fait un auxiliaire pour se débarrasser des souris et des rats : c'est là son utilité. En domesticité, il perd un peu de son caractère sauvage et finit même par n'être plus qu'un objet de luxe ; il est devenu un bibelot décoratif, une espèce d'ibis occidental, dont la pose ne manque pas d'élégance dans la coupe d'un grand landier sur le côté de la cheminée, ou lorsqu'il ronronne sur le coin d'une table dans une attitude de sphinx bien fourré. C'est sans nul doute à cette attitude perpétuellement énigmatique, à cette note harmonieuse dans son étrangeté, que l'espèce doit la faveur dont l'ont honorée des poètes comme Théophile Gautier, Baudelaire, Théodore de Banville, sans oublier Mme Deshoulières.

De fait, la présence d'un chat dans un cabinet de travail, sur un vieux bahut gothique ne manque pas de pittoresque. Puis, comme il a tenu une importante place dans l'histoire de la superstition, on cherche à pénétrer ses yeux ronds que traverse en losange une pupille qui se dilate ou se rétrécit aux moindres jeux de la lumière; il favorise les divagations de l'imagination. La couleur non plus n'est pas étrangère à ce charme de l'idole. Au moyen âge, les démonomanes ont beaucoup rêvé de chats.

Bien que les Égyptiens l'aient classé parmi les animaux sacrés, on aurait tort de croire que c'était par sympathie unique pour sa personne. En gens de grand sens qu'ils étaient, ils avaient compris son utilité : la vermine abondant au pays des Pharaons, les prêtres jugèrent utile, pour le conserver, de le mettre au rang des divinités. Possesseurs de bibliothèques d'un grand prix, ils n'avaient nulle envie que les précieux papyrus qu'elles renfermaient devinssent la proie des rats et des souris. De là son élévation à l'état de dieu. Plus tard, les Suisses l'ont choisi comme le symbole de la liberté.

Les temps ont marché, le chat est demeuré ce qu'il devait être : un auxiliaire pour la destruction de la vermine, et nous sommes bien éloigné de lui contester ce droit; puis il s'est fait parasite agréable parfois, mais rien de plus. Son irritabilité nerveuse, son égoïsme font que bien souvent d'aucuns sont fort mal payés de retour pour l'affection irraisonnée qu'ils lui portent. Vindicatif, dangereux pour les enfants, cruel pour ses victimes qu'il torture avec un raffinement sans égal, aimé des vieilles filles, des cuisinières et de beaucoup de femmes, il ne mérite vraiment pas les tendresses parfois outrées de ces âmes sensibles!

Le chat est le pire ennemi de tous les oiseaux, qu'ils soient en liberté ou en volière. S'il fait bon ménage avec le chien, c'est par une prudence inhérente à son caractère et surtout parce que l'ami fidèle du maître, particulièrement débonnaire, comprend du premier jour les égards qu'il doit aux hôtes de la maison. Ce serait faire injure au brave chien que d'établir une comparaison entre lui et ce pince-sans-rire.

Dans une préface au livre de G. de Cherville et d'Eugène Lambert : *les Chats,* M. Alexandre Dumas fils a fait le procès du pauvre chien au profit du chat. Le feu d'artifice tiré par l'écrivain paradoxal prouve une virtuosité, mais elle ne réhabilitera point le malandrin.

Il restera le fléau des parcs, des jardins dont il dévaste les nids, la terreur de toutes ces innocentes bestioles qui animent de leurs chants les aurores du printemps et qui viennent, à l'arrière-saison, se blottir sur l'entablement des fenêtres, demandant les miettes de la table pour subsister pendant les durs jours.

Le chat s'attache à la maison parce que le gîte et la pâtée sont là. Quant à ces ronrons, à ces dos en cerceaux qui sollicitent la passe des mains, ce sont là les conséquences de son organisme composé de nerfs; il ne fait pas de caresses, il les sollicite pour lui; encore, en toutes celles-ci, impose-t-il une limite; il est parfois imprudent de dépasser la seconde qu'il a choisie pour mettre un terme à ses façons de bon prince. Le chat est propre sur lui, chez lui; au dehors, il se hâte d'imiter les harpies dont parle Virgile, souillant tout par instinct dépravé.

Le chat a succédé à la belette domestiquée, laquelle remplissait autrefois son rôle chez les peuples circa-méditerranéens. Sa nature astucieuse, mais moins sauvage, l'a fait se rallier à l'homme; aussi à la ville est-il devenu un hôte autant qu'un serviteur. Il n'en est pas de même à la campagne, où il devient parfois aussi nuisible que le chat sauvage.

Taine aimait ces félins; Moncrif, un poète-musicien, bel esprit, a écrit une *Histoire des chats*, ainsi que Champfleury, d'où l'on peut conclure que cet animal, d'humeur capricieuse, malgré tout le mal que l'on a le droit d'en dire, est et sera encore longtemps la bête des hommes d'esprit! C'en est assez pour lui assurer un rang honorable parmi ceux qui ne s'occupent que de la beauté du geste, si en faveur aujourd'hui.

Dans sa prime enfance, le chat est ce qu'on peut imaginer de plus élégant au monde; à ce moment de sa vie, c'est un séducteur par exellence. Mais plus tard?... une jolie bête quelquefois, un sournois la plupart du temps.

Les dépouilles des chats que le hasard jette aux quatre vents; — je ne parle point de celles qui deviennent presque hiératiques pour les fanatiques, — servent à faire de la glycérine pure recherchée par les élégantes pour maintenir la fraicheur et la souplesse de leur peau. Hommage posthume adressé à la femme, leur amie quand même!

Fic-Fic.

C'est alors qu'ils font patte de velours!

Parmi les réfractaires aux avances de l'homme, nous citerons en particulier la fouine, je pense qu'il faut en faire son deuil.

N'y a-t-il pas parmi les hommes des êtres si peu sociables qu'on ne saurait les apprivoiser!

Nous n'avons pas été heureux dans une expérience de ce genre. Pendant trois ans nous avons eu une fouine qui, dans les premiers temps de sa captivité, s'est montrée assez réservée, sans pour cela arriver à une familiarité absolue. Quand l'âge est venu, elle a repris ses instincts féroces et on a été forcé de l'enchaîner. Elle entrait dans des fureurs excessives contre les femmes et les enfants qui s'approchaient à portée de sa chaîne; elle s'élançait sur eux et les mordait parfois cruellement.

Pour s'en garer, il n'y avait qu'un seul moyen; c'était

de lui jeter de l'eau à la figure. Alors elle réintégrait sa niche en grognant et ne faisait plus un geste tant qu'on conservait le récipient à la main. Son naturel féroce se développant de jour en jour, il a été impossible de la conserver.

Je ne crois pas que la fouine, conserve longtemps ses qualités de sociabilité. A l'âge adulte, elle reprend ses instincts sauvages, elle est beaucoup moins domesticable que le putois et même le renard.

Lézard.

A condition d'avoir du soleil et une nourriture suffisante, les lézards supportent bien la captivité. Il n'est guère d'écolier qui n'ait fait du lézard des murailles le compagnon de ses jeux et même de ses études en l'apportant en classe. La beauté de ce reptile sous la clarté du soleil, la vivacité de ses mouvements lorsqu'il cherche à fuir en glissant à travers les herbes ou dans les crevasses des rochers, la facilité de lui procurer une nourriture à son choix le désignent suffisamment à l'attention des enfants.

J'ai comme les autres étant au collège eu des lézards de taille moyenne. Je les gardais au fond de mon pupitre dans une boîte remplie de son ; en peu de temps, ils devinrent d'humeur assez familière. Lorsqu'ils me paraissaient comme engourdis dans leur lit de son et ne venaient pas à l'appel, j'avais imaginé d'allumer dans le coin du pupitre une bougie. Cette clarté trompe-l'œil leur rappelait sans doute le soleil et les faisait sortir de leur retraite.

L'un était plus gros que l'autre, le plus fort était jaloux lorsque je prenais le plus petit. Un jour que je tenais dans mes mains ce dernier, le gros grimpa sur ma manche se glissa dans mon cou et me mordit. Le lendemain la place de sa morsure était enflée. Il n'en fut rien de plus du reste; mais cet avertissement m'a guéri à jamais du désir d'acclimater ou mieux de manipuler les animaux à sang froid. De ce jour, je ne voulus plus entendre parler de lézards ni de serpents. Je pense que le maniement constant de ces animaux par des enfants peut causer de petits accidents qu'il est bon d'éviter.

La queue des lézards se brise comme verre : leur santé ne paraît guère en souffrir, mais l'ensemble y perd beaucoup.

Tant que ces animaux restent vifs et animés on est certain qu'ils se portent bien; demeurent-ils immobiles, paupières closes, blottis dans un coin, la mort n'est pas loin.

Le lézard vert est le plus sociable, il mange presque de tout : miel, confitures, fruits bien mûrs et surtout les mouches qu'il attrape avec beaucoup d'habileté.

La domestication des souris et des rats est chose si commune qu'il n'est pas besoin d'en parler.

On a pu voir dans les foires une troupe de rats dressés en liberté s'engouffrer dans un minuscule chemin de fer, obéissant au signal de leur maître.

L'intelligence de ces rongeurs est très grande. Voici un

acte contrôlé par plusieurs expériences qui montre jusqu'où va leur instinct. Les rats savent puiser de l'huile dans des fioles à col droit, où leur museau ne pourrait atteindre. Ils s'y prennent comme suit : ils commencent par ronger les morceaux de vessie qui servent ordinairement de bouchons à ces fioles. L'un d'eux choisit un appui commode, s'y établit et alors introduit sa queue dans le goulot, la plonge dans l'huile, la retire et la donne à un camarade qui à son tour lui rend le même service.

CHAPITRE V

LES OISEAUX.

Moineaux, *les Tuit-Tuit.* — Le Bouvreuil. — Le Rouge-gorge. — Boujou. — Le Martin-Pêcheur. — La Perdrix. — Pirhouit.

Les oiseaux dont le domaine de l'air est si vaste, s'apprivoisent cependant presque tous avec une facilité singulière; quelques-uns, en dehors de la familiarité, contractent envers leurs maîtres ou ceux qui les soignent, une affection durable; certains, notamment le bouvreuil et le perroquet, meurent de chagrin par la perte de la personne aimée. Tous les enfants ont plus ou moins pris au nid quelques oiseaux qu'ils ont élevés, ils savent à quel point on arrive à domestiquer ces indépendants friands d'espace, et quel charme on en éprouve.

Le moineau est le premier oiseau dont s'empare l'enfance pour exercer sa domination. Il n'est point à proprement parler un sujet d'éducation; mais il est toujours intéressant; si on lui laisse une demi-liberté, son caractère, ses bonnes et mauvaises qualités en font un hôte plaisant. Plus gai que les autres passereaux, le moineau à cause même de son caractère querelleur, de son humeur autoritaire, jette une note aimable dans l'habitation.

Tuit-Tuit.

Mon frère lorsqu'il faisait son droit avait élevé deux de ces oiseaux qui étaient devenus d'une familiarité extraordinaire; de l'hôtel du Panthéon où il demeurait, ils traversaient la place, allaient sur l'édifice jouer avec le rs congénères et revenaient se percher sur la croisée à toute heure au premier coup de sifflet. L'hiver, si la croisée était fermée, ils venaient au jour tombant frapper avec leur bec contre la vitre; la croisée une fois ouverte, ils allaient prendre leur asile de nuit dans la bibliothèque entre les cinq codes et Ortolan. Le matin aux premières lueurs du jour, ils s'abattaient sur le lit de leur maître poussant leur joyeux *Tuit-Tuit* pour se faire ouvrir. C'était charmant.

Bouvreuil.

Dans un petit poème qui portait leur nom, *les Tuit-Tuit*, j'ai retracé leur odyssée comique; ce furent là mes premiers vers imprimés. Je ne me doutais point alors que j'écrirais tant de pages un peu plus sérieuses sur les animaux de toute espèce. Le 19 mars est populairement appelé le jour du mariage des moineaux.

Aucun oiseau d'appartement ne contracte de véritable amitié avec l'homme comme le bouvreuil. Joyeux quand on le loue, il se montre fort triste d'être blâmé; il conserve la mémoire de ses premiers éleveurs, il meurt même d'émotions trop vives, de chagrin ou de joie : les exemples de cette extrême sensibilité sont loin d'être rares. Pris au nid, les bouvreuils élevés en chambre apprennent à siffler des airs et deviennent de véritables artistes : les mâles sont à juste titre préférés aux femelles. Le même oiseau apprend plusieurs airs et les répète sur un ton si harmonieux qu'on ne se lasse pas de les entendre.

Brehm raconte ceci : un ami de mon père possédait un bouvreuil qu'il avait élevé et instruit lui-même. Sa cage était pendue très bas afin qu'on pût s'en approcher, il n'avait point peur des étrangers. Pour lui faire siffler sa chanson, son maître s'approchait, le saluait trois fois en s'inclinant, l'oiseau l'imitait; au troisième salut il commençait à chanter, et sifflait un air sans en manquer une note. Il attendait alors de son maître un signe de contentement et se montrait fier d'être complimenté.

Il n'obéissait jamais à une dame. Une parente se coiffa un jour du chapeau de son maître et vint saluer l'oiseau, il refusa de chanter.

Le bouvreuil ne vit pas vieux en captivité, il meurt souvent de congestion.

Le chardonneret est si connu des amateurs qu'il est inutile d'insister sur ses qualités en captivité. Il se plait dans les grandes volières, fait bon ménage avec les autres oiseaux et par sa vivacité anime toute la prison.

D'abord très craintif, cet oiseau ne tarde pas à s'apprivoiser; on peut en un mois lui apprendre plusieurs tours d'adresse, l'habituer à sortir de sa cage et à y rentrer, à tirer d'un petit puits l'eau pour se désaltérer et le vase qui contient sa nourriture : il se montre docile et ingénieux. Avec cela c'est un oiseau élégant, vêtu de vives couleurs,

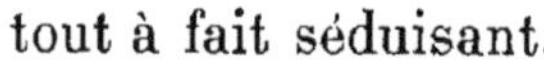
tout à fait séduisant.

Chardonneret.

Le plus aimable, le plus confiant, le plus familial des petits oiseaux est certainement le Rouge-gorge, l'ami des plus humbles chaumières, le compagnon du bûcheron, Robin *red-Breast*(1), l'oiseau à la touchante légende. C'est l'hôte des jours froids, il adopte une maison, s'y réfugie lorsque la neige couvre la terre, vient de lui-même prendre un air de feu auprès de l'âtre. Il connaît vite le maître, devient très familier, s'accoutume à sortir et à rentrer librement dans sa cage; s'accommode de la nourriture de l'homme. Sa voix est légère, délicate, pleine de charme; il paie l'hospitalité qu'on lui donne par de tendres chansons.

J'ai eu plusieurs rouges-gorges, je connais peu d'oiseaux aussi mignons, aussi remplis de gentillesse. Les serins, les pinsons, les tarins sont également susceptibles d'attachement.

(1) Gorge-rouge.

Les pies, les geais, les corbeaux, sont très plaisants en captivité; ils s'attachent à leur maître, ils n'ont contre eux que leurs cris aigus et la manie de s'emparer des choses qui brillent : on se rappelle l'histoire de la « Pie voleuse ». De tous les corvidés, le *choucas* (1) est celui que l'on voit le plus souvent à l'état captif. Sa gaieté, sa bonne humeur, son agilité, sa prudence, son attachement même, son talent d'imitation, tout contribue à lui concilier notre amitié.

On ne tarde point à reconnaître que son intelligence est très développée; ainsi que le corbeau, il peut être dressé comme un chien; chaque jour il invente quelque tour nouveau.

Boujou.

J'ai connu dans mon enfance, sur le quai Lamblardie au Havre, un corbeau qui dansait à la corde avec les petites filles du quartier; il entrait dans le cercle, faisait sa partie avec une gravité sans pareille. Lorsqu'une des petites filles avait manqué il la tirait par sa robe pour prendre sa place. On l'appelait *Boujou* à cause de l'habitude qu'il avait prise de saluer ainsi toute personne qui s'approchait de lui. Il a fait les délices de toute une génération.

Je ne parlerai point des poules et des pigeons que les enfants façonnent à leur gré et qui montrent des qualités de domesticité parfois extraordinaires.

(1) Espèce de corneille.

Fasciné par la beauté merveilleuse de son plumage, j'ai plusieurs fois essayé de domestiquer le martin-pêcheur ; je n'y suis malheureusement jamais parvenu. Cependant je sais que des tentatives de ce genre ont été couronnées de succès. Pour réussir, il faut être à même de leur donner en guise de prison, ou un vaste local avec des plantes, un cours d'eau ou un bassin où ils puissent agir de la même façon qu'en liberté. J'ai vu chez un particulier une serre ainsi aménagée où une demi-douzaine de ces oiseaux vivaient parfaitement bien. On leur pêchait chaque jour du poisson pour leur nourriture et l'éclat de leur plumage n'était point altéré. Ils parcouraient l'enceinte qui leur était réservée avec la rapidité d'une flèche, mais leur familiarité n'allait point au delà, ils étaient intéressants et d'un effet décoratif très grand. Le martin-pêcheur ainsi acclimaté demeure sauvage, peureux, brusque dans ses mouvements. En cage, même pris au nid, ils dépérisssent, ont l'air misérable.

Martin-pêcheur.

Au jardin zoologique de Londres, on a fait des installations spéciales pour ces oiseaux et d'autres espèces aquatiques. Le fond du local est en partie occupé par un grand bassin d'eau assez profond dont les parois offrent tout ce que réclament les oiseaux pêcheurs. L'eau de ce bassin renferme des nuées de petits poissons. L'installation est aussi parfaite que possible; ces beaux oiseaux s'y trouvent à merveille, pêchent comme s'ils étaient en liberté.

La perdrix, si sauvage en liberté, s'apprivoise avec une facilité singulière. C'est un oiseau gai, intéressant, d'une intelligence développée, qui s'attache à l'homme au point de le suivre comme le ferait une poule, et de répondre au moindre appel.

Caille.

Il en est de même de la caille; celle-ci s'habitue assez rapidement à la vie de volière; mais elle est moins amusante en cage, si grande qu'elle soit, qu'en appartement ou libre. C'est là que ces oiseaux charment leur maître par leur gaîté, par la destruction qu'ils font de beaucoup d'insectes gênants, et par l'amitié qu'ils contractent avec les chiens et les chats. Peu de personnes, parmi celles habitant d'ordinaire la campagne, n'ont pas été à même d'apprécier les dons familiers de la perdrix. Les anecdotes sur ce sujet ne font pas défaut. En voici une que nous enregistrons *de visu* (1).

Un jour un paysan apporta à un membre de ma famille en convalescence un perdreau vivant qu'il avait capturé afin que le malade s'en régalât. Ce brave homme, heureux de son idée, montra au fond de son panier la petite bête blottie dans du foin. Quel ne fut pas son étonnement lorsque la fa-

(1) Pour en avoir été témoin.

mille réunie et le malade lui-même déclarèrent qu'on ne tuerait jamais un oiseau entré vivant dans la maison.

— Qu'à cela ne tienne, dit le bonhomme qui suivait son idée, je vas vous la préparer !

Et il se disposait à sortir ; mais on ne l'entendait point ainsi, on prit son panier, on s'empara du perdreau auquel on présenta des graines qu'il se mit presque aussitôt à becqueter ; il était entré sous le toit, il était inviolable. Son instinct lui fit-il incontinent reconnaître une maison hospitalière, toujours est-il qu'il dépouilla dès les premiers jours ses habitudes farouches. Au bout d'une semaine il était absolument domestiqué. On l'appelait *Pirhouit* (1) par imitation avec son cri d'appel ; il répondait à ce nom du plus loin qu'il l'entendait. Il suivait au jardin les habitants de la maison, rentrait avec eux, grimpait les escaliers, allait dans les chambres et jusqu'au grenier.

Il devint en peu de temps d'une amabilité sans pareille ; jamais il ne songea à reconquérir sa liberté. Devenu très belle perdrix, il prit une habitude dont il ne se départit point pendant un seul jour, les deux années qu'il vécut, c'était d'aller sonner la diane chaque matin à la porte de la servante. Hiver comme été, celle-ci se levait régulièrement à cinq heures et demie ; la perdrix qui connaissait sa chambre et s'était rendu compte de cette coutume, grimpait l'escalier à l'heure dite, s'arrêtait devant la porte, poussait deux *Pirhouit* stridents, puis se mettait à frapper le bois avec son bec. Quand la servante sortait pour descendre, elle la

(1) Cri d'appel de la perdrix.

suivait, se rendait avec elle à la cuisine où on lui donnait sa première pitance de la journée. N'était-ce pas charmant?

Par les temps froids, elle se plaisait à demeurer près du foyer faisant parfois la vanette dans les cendres du cendrier; c'est ce qui la perdit. Par un hiver rigoureux, elle se glissa sous la plaque de tôle qui servait de foyer où elle se brûla la tête; elle en sortit comme folle et expira quelques instants après.

Avec de bons soins, que n'obtiendrait-on pas des animaux! Combien d'entre eux ajoutent au charme de la vie intérieure. Un journal d'aviculture racontait qu'une perdrix s'abattit dans un village d'Amérique; après être restée quelque temps immobile, comme si elle s'orientait, elle se dirigea d'elle-même vers une maison, se promena tranquillement dans la cour, puis entra dans une des pièces de plein pied et finit par se laisser prendre sans difficulté. On la mit dans une grande cage ou elle parut se plaire, ne montrant aucune sauvagerie, acceptant même des graines des habitants de la maison. De temps en temps, on la laissait sortir de cette cage, mais elle ne cherchait point à profiter de cette liberté pour s'en aller.

Elle finit par pousser la familiarité, jusqu'à se percher sur l'épaule du maître de la maison.

L'année suivante, on lui donna trois poussins à élever afin de s'assurer si on pourrait l'accoupler plus tard.

Elle soigna la couvée avec la même sollicitude qu'elle eût témoignée à ses petits. Mais son caractère changea brusquement; elle devint grincheuse, battant des ailes et donnant des coups de bec lorsqu'on s'approchait de la cage.

Quand les poussins lui eurent été enlevés, elle s'adoucit, son caractère redevint ce qu'il était avant qu'on l'eût chargée de cette intéressante besogne.

La majeure partie des animaux, en particulier les oiseaux domestiques, meurent victimes d'accidents ; d'où l'observation que l'instinct se voile à mesure que l'intelligence s'affine ; et comme celle-ci progressant, offre des lacunes, l'autre émoussé n'est pas toujours présent comme à l'état naturel.

La vie des oiseaux apprivoisés est plus courte que celle des oiseaux libres. Ainsi, les pies qui, comme les corbeaux vivent très vieilles à l'état sauvage, ne dépassent guère 20 à 25 ans en captivité. Le coq vit de 15 à 20 ans, le pigeon environ 10 ans. Le rossignol meurt au bout de 10 ans, le merle meurt à 15 ans. Les serins en liberté aux îles Canaries atteignent un âge relativement avancé, ils ne dépassent guère 10 à 12 ans en volière.

Puisque nous avons parlé de la longévité des oiseaux, nous dirons que c'est le cygne qui atteint l'âge le plus respectable ; les naturalistes affirment qu'il peut vivre trois siècles ; le faucon vient ensuite. Knauer raconte en avoir vu un, âgé de 162 ans. L'aigle et le vautour vivent également très vieux. Un aigle de mer capturé en 1706, âgé déjà de plusieurs années, mourut 104 années plus tard en 1819. Un vautour à tête blanche capturé en 1706, mourut en 1826, dans une des volières du château de Schœnbrunn près de Vienne, où il avait passé 118 années de captivité.

CHAPITRE VI

PERROQUETS. — ARAS. — PERRUCHES. — KAKATOÈS.

Après les singes, la nombreuse famille des psittaciens est celle qui a le plus attiré l'attention de l'homme par cette raison, que comme celle des singes, elle lui a paru participer de plus près à sa nature. Aux qualités d'imitation qui font des perroquets des êtres privilégiés, si l'on ajoute la beauté, la variété du plumage éclatant, qui à bon droit nous émerveillent, la sociabilité de toutes les espèces, on ne s'étonnera point de la faveur dont ils jouissent.

Les ornithologistes comptent deux cent vingt espèces de perroquets. Il serait malaisé aux amateurs de se reconnaître dans ces multiples subdivisions. La division la plus méthodique, la plus à la portée de tous est, me paraît-il, celle-ci : perroquets verts, perroquets gris, aras, perruches, kakatoès.

Avant que les perroquets, en particulier les aras et les kakatoès, soient devenus, grâce à la facilité des communications avec l'Inde, les deux Amériques et la côte d'Afrique, des objets de luxe meublants, quelque chose comme des plantes exotiques assez répandues, animant le décor des jardins d'hiver, ils n'étaient encore dans ma première enfance que le luxe des quartiers de marins des ports de mer. Il n'était point de long-courriers, comme on appelait alors les navires à voiles frétés pour le Brésil, la Plata ou le Gabon, qui ne rapportassent quelques échantillons de ces oiseaux aux vives couleurs. Aussi, n'était-il guère de famille de marins qui ne possédât un perroquet. Les matelots en vendaient aux amateurs : le prix variait de 150 à 200 francs, suivant l'espèce et l'éducation du sujet.

Il est résulté de cette prodigalité pour le littoral que c'est là qu'ont été et sont encore le mieux connus au point de vue de leurs mœurs, de leurs aptitudes et de leurs qualités, ces brillants oiseaux. Ils entraient fort avant dans la vie des familles et des enfants ; ce sont pour ainsi dire ceux-ci qui ont surpris en se jouant les secrets de leur nature.

Les perroquets les plus dociles, les plus instruits — je ne dis pas les mieux instruits — ont été maniés journellement par des marins au cours d'une longue traversée, ensuite à leur arrivée en Europe par des enfants.

Il était tout indiqué que, fanatiques des animaux comme nous l'étions mon frère et moi, ainsi que je l'ai rapporté, nous devions faire de bonne heure une sérieuse connaissance avec ces charmants animaux. Pourvus de parents et d'amis marins nous en avons eu de toutes les couleurs.

Ils ont été pour nos jeux de véritables compagnons, s'y mêlant avec une bonne grâce qui me fait juger aujourd'hui que la vie bruyante de l'enfant va bien à leur nature, babillarde et toute de mouvement.

Les perroquets sont par l'intelligence, les mœurs et les habitudes, de véritables singes ailés. Il ne faudrait pas croire que leur habitude de répéter des mots qu'ils ne comprennent point, du moins dans le principe, dénote chez eux un instinct d'imitation purement mécanique au point de n'en faire que des machines raisonnantes incapables d'apprécier. En un mot, leur langage bizarre sans idées, surprenant parfois par sa justesse, finit grâce à une éducation soignée et persistante, à avoir parfois un sens très net.

J'espère démontrer par la suite, qu'à l'usage, certains mots deviennent pour eux très précis. Je suis d'autant plus à mon aise pour affirmer cette thèse qui, au premier abord pourrait paraître dangereuse, que j'ai en maintes occasions manifesté mes sentiments d'inébranlable foi en l'origine de l'homme, bien loin de le regarder comme le premier échelon de l'espèce animale.

Le singe, si troublant par sa nature, aurait-il le don de la parole, apanage du perroquet, viendrait-il à proférer des mots tombant juste et renfermant à certains moments une idée comme je le tiens certain par l'habitude pour les psittaciens que mon opinion ne changerait point.

L'homme dans sa dignité de créature raisonnable n'a point à souffrir de ces rapprochements.

Brehm déclare que le perroquet est le plus intelligent des oiseaux, qu'il a toutes les facultés, les passions du singe dont il a aussi les qualités et les défauts. Tout comme le quadrumane, il se montre capricieux, inconstant. Je me permets de n'être pas de l'avis du puissant naturaliste en ce qui concerne l'inconstance. J'ai eu plusieurs perroquets gris et verts, une perruche et je puis certifier qu'ils se sont montrés d'une constance à toute épreuve dans leurs affections; s'ils se montrent capricieux, c'est parce qu'ils ne répondent pas toujours à l'injonction qui leur est faite de débiter leur répertoire. Encore est-ce un caprice? ne serait-ce pas quelquefois une résultante d'un raisonnement? car, comme je viens de le dire, quand leur éducation est

Ara.

complète, il me paraît indéniable que le sens de certains vocables ne leur échappe point.

Pour ne point revenir sur ce point, je dirai qu'à l'heure où j'écris ce livre, je connais un ara bleu qui sur son perchoir, dans le vestibule attenant à la salle à manger, ne manque jamais, pendant le repas, que la porte soit fermée ou non, d'élever de temps en temps la voix pour dire : « C'est bon ça. »

Il prononce ces trois mots régulièrement quand il a faim ou lorsqu'il entend casser une noix.

Cela vient de ce que lorsqu'on lui offre quelque chose, on a pris l'habitude de lui dire en lui montrant l'objet : « C'est bon ça ! » Il nous paraît évident qu'il comprend la signification de cet appel comme l'enfant qui sollicite une tartine de confitures. L'ara sait que lorsqu'on lui a dit cette phrase, on lui a en même temps donné une friandise et que cette friandise lui a fait plaisir. Jamais il ne confond les mots qui constituent son répertoire.

Le perroquet a de la mémoire, de la ruse, du jugement ; il a conscience de lui-même, il est fier, courageux, tendre pour ceux qu'il aime, il est fidèle jusqu'à la mort, reconnaissant avec discernement. Il a une affection comparable à celle du chien pour ceux qu'il reconnaît comme ses maîtres, qu'ils soient riches ou pauvres. Mais il n'aime point les intrus ni ceux qui le taquinent et se souvient fort bien des mauvais traitements. Je ne lui ai jamais reconnu de tendance à être sans pitié pour les faibles ; au contraire, il montre une soumission plus grande aux enfants qu'aux grandes personnes.

Ce qu'on peut lui reprocher, c'est un excès de jalousie. Mais en fin de compte l'homme est-il bien en droit de lui en vouloir de ce petit défaut qui n'est qu'une résultante de son attachement ? Les sens du perroquet sont très complets, il sait parfaitement s'en servir, ce qui lui donne la suprématie sur beaucoup d'autres oiseaux.

Un fait curieux à signaler, c'est que les perroquets, qui par leur nature et leur habitat au milieu des grandes forêts, dans des régions tout à fait sauvages, devraient être d'entre les oiseaux les plus difficiles à apprivoiser, sont au contraire les plus dociles à l'éducation. Ils perdent rapidement leur méfiance à ce point de devenir plus familiers même que le moineau.

La famille des perroquets, je l'ai dit, est riche en espèces. Les plus beaux, ceux qui parlent le mieux parmi les verts sont le perroquet brillant à tête jaune, à bec blanc avec épaulettes rouges miroir rouge et bleu sur les ailes, originaires de la rivière des Amazones; celui à tête bleue; le petit perroquet des grandes Antilles très doux. Ces oiseaux, d'un caractère aimable, dociles, faciles à instruire, sont très recherchés, principalement les deux premiers à cause de la beauté et de leur plumage. Leur voix rauque au naturel se modifie avec l'éducation, devient souple, presque agréable. Ils prennent parfois l'accent des personnes qu'ils veulent imiter; de plus, ils sont vifs, gais et s'attachent sérieusement.

Ils sont très séduisants.

Le perroquet gris à queue rouge, à bec noir, originaire de la côte d'Afrique, est plus petit. S'il n'est pas le plus doux ni le plus brillant des perroquets, c'est certainement celui qui a le plus d'aptitudes pour apprendre. Il s'instruit non seulement des leçons que lui donne l'homme, mais encore de ce qu'il entend de ses semblables, des animaux qui l'entourent et même du bruit des choses. C'est un clavier enregistreur qui résonne à la moindre pression. Il devient aussi très doux, mais les commencements de l'éducation sont ardus.

Levaillant fait mention d'un perroquet gris qu'il a vu chez un marchand d'Amsterdam. « Carl, — c'était le nom de l'oiseau, — parlait, dit-il, aussi bien que Cicéron. Je pourrais remplir un livre des discours qu'il prononçait, et qu'il me répéta sans en oublier une syllabe.

« Obéissant au commandement, il apportait le bonnet de nuit et les pantoufles de son maître, appelait la servante quand on avait besoin d'elle; sa résidence favorite était la boutique, où il était très utile. Quelqu'un entrait-il en l'absence de son maître, il criait jusqu'à ce que l'on arrivât Il avait une excellente mémoire et répétait des phrases entières de hollandais. Ce ne fut qu'après soixante ans de captivité que sa mémoire commença à baisser, et, chaque jour il oubliait quelque chose de ce qu'il savait. Il ne disait plus que la moitié d'une phrase, transposait les mots et mêlait les phrases les unes après les autres. »

On peut avoir d'après cette relation une juste idée des talents des perroquets gris.

En voici une autre toute contemporaine. Un officier anglais acheta pendant son séjour en Afrique un perroquet gris qu'il baptisa du nom de Polly. Comme ses congénères, dès les premiers jours, l'oiseau montra une remarquable disposition à s'instruire. Il retint presque toutes les sonneries du clairon qu'il avait entendues au camp, et réveillait toujours son maître par la diane, qu'il avait malheureusement le tort de « sonner » dès 5 heures du matin, et d'accompagner d'une suite de phrases impératives, dont la principale était celle-ci :

« Allons, Café! démon de ténèbres! où diable es-tu? dépêche-toi et apporte-moi mon chocolat! »

— « Café » était un petit nègre qui servait de groom à l'officier. Celui-ci riait au début des belles dispositions de son perroquet, mais il se lassa peu à peu d'être réveillé à des heures aussi matinales, et accueillit la « Diane » de l'oiseau par une averse de projectiles variés consistant dans les premiers objets qui lui tombaient sous la main. Alors Polly prenait un air si lamentable, il mettait un tel accent de détresse dans ces mots : « Pauvre Polly, pauvre, pauvre Polly! » dont il accueillait la correction que toute la colère de l'officier tombait et qu'il se mettait à rire aux éclats.

D'autres fois, il ordonnait à son nègre d'emporter cette bête infernale. Le domestique obéissait et pendant quelques instants on entendait encore dans les couloirs cette phrase dont l'écho allait s'affaiblissant :

« Café, emportez cette infernale bête dehors, infernale bête dehors, bête dehors... »

L'officier emmena Polly à son retour en Angleterre. Sur le navire, le perroquet compléta son éducation en s'assimilant le langage des marins, qu'il reproduisait dans toute sa crudité.

Parmi les aras, les verts, les rouges-jaunes sont les plus rebelles à la familiarité; les plus agréables comme aussi les plus beaux à notre avis sont : le gros ara tout bleu à bec noir et l'ara à manteau bleu azuré et au ventre jaune. En dépit de l'aspect redoutable de son énorme bec, l'ara gros bleu est d'une grande douceur. C'est un oiseau particulièrement décoratif et aimable.

L'ara bleu de ciel apprend facilement à parler : il n'a point dans son répertoire de phrases aussi longues qu'en débite le perroquet; mais la nomenclature des mots qu'il prononce est longue et il n'en oublie pas. Il n'a point besoin de longues répétitions; il écoute, et répète ce qu'il entend.

On cite un ara qui a eu pour institutrice une pie; la babillarde lui avait appris tout ce qu'elle savait : au bout de dix jours il parlait et appelait par leur nom toutes les personnes de la maison.

Perruche.

Les aras supportent très longtemps la captivité. On en cite un qui, après avoir vécu quarante-ans dans la même famille, finit par tomber dans le marasme sénile et ne put plus digérer que du maïs cuit.

La perruche nous a toujours paru moins intéressante que le perroquet. Elle nous fait l'effet de ces demoiselles prétentieuses à bec fermé qui ont des ongles pour déchirer les réputations les meilleures; cependant il y a d'heureuses exceptions. La seule que j'aie bien observée était assez douce, une perruche verte, à collier, du Sénégal. C'est celle qui parle le plus aisément, est susceptible de plus de familiarité; avec la perruche ondulée, originaire d'Australie c'est la plus connue. Ladite perruche à laquelle on laissait toute liberté menait bon ménage avec un gros chat tigré; dans le jardin ils jouaient ensemble de la façon la plus plaisante du monde. On avait disposé pour le chat dans un althéa (1) de la taille d'un pommier une corbeille doublée en drap dans laquelle il allait faire sa sieste.

Quand la perruche était en veine de jouer, elle grimpait dans l'arbre, s'approchait du simulacre de palanquin où dormait son compagnon couché en rouelle, la queue dépassant sur le bord. Doucement elle pinçait l'appendice du dormeur, puis se dissimulait derrière une branche.

Le chat retirait vivement sa queue, se pelotonnait de nouveau pour continuer son somme. Mais la perruche, qui ne l'entendait point ainsi, surgissait de l'autre côté et lui pinçait l'oreille. Alors il lui allongeait un coup de griffe qui parfois lui enlevait une ou deux plumes !

Dépitée, la perruche répondait aussitôt par deux mots : « Mauvais ! mauvais ! » puis elle se retirait jusqu'à ce qu'il convînt au gros paresseux de lui servir de partenaire. En ce cas, c'étaient des parties à n'en plus finir : soit dans les allées, soit dans les arbres, ils jouaient littéralement à cache-cache.

C'était fort amusant, et chose remarquable dans ces jeux *consentis*, le chat montrait une douceur qui ne se démentit jamais. Se glissant le long des allées bordées de buis, il bondissait tout à coup, retombait à côté d'elle, mais sans jamais l'effleurer ; l'oiseau, ouvrant les ailes, lui échappait comme un enfant joyeux de n'avoir point été pris.

Tous les chats ne se ressemblent point ; la confiance méritée qu'elle avait en son compagnon de jeux lui fut funeste.

(1) Arbuste genre guimauve.

Un jour qu'elle avait eu l'imprudence de descendre dans le jardin du voisin, on l'entendit pousser un cri de détresse. Un matou sanguinaire, comme ils le sont presque tous, la fit passer de vie à trépas.

Au point de vue de la forme et de la couleur les plus jolies perruches sont : les *perruches Edwards, les perruches calopsites à huppe, les perruches de Brauer* à tête noire avec une bande d'or tranchant sur le vert du ventre, la *perruche multicolore* aux remiges bleu sombre, les *perruches Handaye* à tête brune avec un semis bleu sur la gorge d'un vert tendre, *les perruches Pompadour* aux ailes vertes, aux remiges bleues, à la partie inférieure amaranthe.

Le kakatoës se distingue des perroquets par un plumage d'un blanc magnifique mêlé de rouge pâle dans quelques espèces et par une huppe jaune ou rouge formée de plumes longues et étroites qu'il redresse et abaisse à volonté.

Cet oiseau parle peu, mais est d'une douceur et d'une familiarité incomparables ; il est caressant au delà de toute idée. Sur son perchoir il invite tous ceux qui passent à s'approcher et à le caresser ; à mesure qu'on s'approche il incline gracieusement sa tête pour la placer à portée de la main charitable.

C'est le plus familier des perroquets, je n'en connais point de plus aimable ; il recherche la société de l'homme, lui témoigne une affection touchante. Malgré leurs cris désagréables, les kakatoës se montrent véritablement des oiseaux d'appartement.

Le kakatoës à huppe rose est encore plus doux que celui à huppe jaune. Qu'il appartienne à l'une ou l'autre espèce, ce magnifique perroquet à la livrée blanche, à l'œil doux, est rempli de séductions tant à cause de l'amitié qu'il voue à ceux qui l'aiment que pour sa beauté. En captivité, le kakatoès a besoin d'être souvent exposé à la pluie; il en ressent un bien-être qui influe beaucoup sur sa santé. Toujours à couvert, surtout si on lui donne trop de chènevis ou des graines grasses, il se déplume presqu'en entier de lui-même. Il devient alors misérable et il faut de grands soins pour lui rendre sa parure primitive

---

CHAPITRE VII

THÉMISTOCLE. — AUGUSTE. — JACQUOT.

Nous marchions sur nos douze ans, mon frère et moi, lorsqu'un ami de notre famille arrivant en droite ligne du Gabon, nous fit présent de deux perroquets gris à queue rouge. Habitués que nous étions à vivre avec moineaux et chardonnerets pour lesquels mon frère avait une prédilection particulière, initiés déjà aux mœurs des Psittaciens par la possession d'un perroquet vert, nous accueillîmes avec une joie inexprimable ces deux nouveaux oiseaux.

Le jour de leur arrivée, le grec, le latin furent abandonnés. Il s'agissait bien d'expliquer la *Cyropédie* ou Quinte-Curce : il nous tardait de sauter des bancs de l'écolier dans la chaire du professeur.

On nous avait déjà parlé de la sagacité des perroquets gris, sagacité que nous avions pu nous-mêmes constater dans nos fréquentes stations devant les marchands d'oiseaux du quai; notre vif désir était d'en faire de bons élèves, meilleurs que nous n'étions, hélas!

Il y avait bien à redouter des coups de bec, car cette

espèce a la réplique vive, parfois acérée ! Mais l'enfance et la jeunesse ne manquent pas d'audace.

Maintenant que les années ont passé, que l'expérience est venue, je crois que l'audace qui réussit bien auprès des hommes est un mode pratique excellent pour venir à bout des animaux. Oser, ne point craindre, leur faire sentir en toute occasion notre supériorité dans l'ordre de la création en y ajoutant une douceur qui implique la sérénité de la force dominatrice, voilà le moyen à employer pour tous, en se pénétrant bien de cette vérité, à savoir qu'en domesticité, les animaux se font presque une idée de la justice. L'injustice les révolte à ce point que c'est à elle que l'on doit beaucoup de vengeances et de représailles terribles de leur part.

Sans songer aux morsures, — avec le bec des perroquets ou des aras on aurait tort de plaisanter — nous plongeâmes délibérément la main dans la cage rustique que leur avaient fabriquée les matelots. Cette cage ou boîte, était des plus primitives comme conception ; en résumé elle était très pratique : caisse en cœur de chêne à claire-voie dont le devant était fermé par des plats de cercle de barrique. C'était ce qu'il fallait pour des becs qui déchiquètent comme le ferait une gouge les bois ordinaires ; de plus elle maintenait les oiseaux à l'abri des courants d'air.

La résolution avec laquelle nous les invitâmes à se percher sur nos mains, les tint en respect ; ils n'essayèrent même pas de résister.

Il est à propos de dire pour ceux qui hésitent à prendre sur le doigt un perroquet, qu'il suffit pour en avoir raison de présenter la main, non à distance, mais en touchant les pattes et le ventre. Ils obéissent alors sur-le-champ; mais si la main hésite ou se retire, vous les invitez à mordre.

Je reviens à nos deux Gabonais.

Dans les commencements, l'éducation ne fut point des plus faciles. Si le perroquet à queue rouge est celui dont le vocabulaire peut devenir le plus étendu, celui qui prononce le plus distinctement, dont la voix imite le mieux la voix humaine, il est beaucoup plus rebelle à la familiarité que les perroquets des rives du fleuve des Amazones et de l'île Saint-Thomas.

Nous eûmes donc à essuyer des rebuffades qui se traduisirent par des morsures parfois cruelles; mais notre persistance fut couronnée de succès. Après six semaines nos hôtes étaient disciplinés : à chaque récréation nous nous occupions d'eux, ils étaient devenus le jouet indispensable. Cette familiarité de tous les jours nous les conquit complètement. Assistant en personnages muets à nos répétitions de grec et de latin, ils répétaient de temps à autre des mots empruntés au langage d'Athènes ou de la vieille Rome, nous étonnant souvent par des lambeaux de phrases inattendus; seulement ce n'était point de ce côté que nous poussions leur éducation, nous en voulions faire des familiers, des compagnons de nos jeux; c'était là notre but, nous y réussîmes. Nous négligeâmes le côté imitateur ne cherchant qu'à les soumettre à nos volontés. Dans cette passivité, quelle intelligence nous avons rencontrée! suivant notre habitude de chercher des noms pour nos bêtes parmi les Romains et les Grecs, nous avions appelé l'un Thémistocle, l'autre Auguste. Ils répondaient à ces vocables illustres quoique surannés et les répétaient eux-mêmes avec une perfection rare. Ils accentuaient notamment le nom du général athénien, ponctuant chaque syllable d'une façon tout à fait divertissante.

A l'occasion de la foire Saint-Michel, on avait donné à mon frère une petite voiture de charretier dont le cheval en bois se dételait à volonté et dont les menues caisses en bois blanc étaient retenues par une petite chaîne. Ce jouet bien conditionné, bien vu puisqu'il éveillait l'intelligence de l'enfant sur la manière d'atteler un cheval, de charger et décharger la voiture, avait été jusqu'alors une source de nos plaisirs enfantins les plus vifs.

Ils nous vint un jour l'idée de transporter sur ce camion des êtres vivants au lieu de caisses, Thémistocle et Auguste étaient tout indiqués; nous les mîmes l'un après l'autre sur la voiture et nous leur fîmes parcourir au pas d'abord, puis en courant, les allées du jardin. Les perroquets se tenaient de leur mieux sur ce véhicule inaccoutumé, agitant leurs ailes pour ne point tomber lorsqu'on allait trop vite, reprenant leur calme lorsque l'allure se modérait. Parfois nous les voiturions ainsi tous les deux ensemble, d'autres fois ils se relayaient : on laissait au coin d'une allée isolée, comme à un carrefour, l'empereur romain et le général athénien allait le chercher, lui cédant courtoisement la place, ce dont sans doute il n'était point fâché. Toujours est-il qu'ils obéissaient ponctuellement : l'un descendait, l'autre grimpait, on eût dit que c'était chose arrêtée par avance entre gens qui se comprennent.

Mon frère fut plus audacieux que moi, il voulut en obtenir davantage. Puisqu'ils montaient sur la voiture, pourquoi ne la traîneraient-ils point?

Cette fantaisie fut promptement mise à exécution.

Le cheval dételé, Thémistocle fut introduit sans trop

Nous les mîmes sur la voiture.

de résistance dans les brancards : le général athénien fut harnaché. En guise de bricole, un cordonnet contournant l'encolure, puis passant sous l'emmanchure des ailes soutenait les brancards. Deux ficelles attachées à hauteur des épaules au cordonnet faisant l'office de tablier s'accrochaient par des agrafes au-devant de la voiture. Ce harnais primitif, comme on peut le voir, était suffisant. Thémistocle obéissant au commandement, mit la petite voiture en branle; s'aidant de temps en temps de son bec comme d'une sonde pour reconnaître le terrain, il parvint tant bien que mal à fournir la course d'une allée tout entière. Au bout de huit jours il était habitué à ce manège et traînait la carriole dans toutes les allées. Nous imaginâmes même des montées qu'il gravissait toujours en s'aidant du bec, au claquement d'un fouet minuscule dont il saisissait le sens. Nous rendions les chemins difficiles au moyen de petits monceaux de galets, ce qui causait des heurts, des cahots dont nous nous réjouissions. L'aimable petite bête venait à bout de toutes ces difficultés.

Comme l'enfance n'a ni poids ni mesure, quelquefois nous chargions la voiture plus qu'il ne convenait, alors il peinait, tentait l'effort sans y réussir toujours. Après ces corvées au cours desquelles il se montrait d'une soumission incomparable, nous le récompensions avec des noix.

Nous avons essayé d'atteler Auguste en flèche, mais nous ne réussîmes point. Ce que nous pûmes faire c'était de le mettre sur la charrette et ainsi de faire traîner l'empereur par le général !

Malgré ces travaux forcés auxquels nous astreignions nos bêtes, elles étaient gâtées autant que faire se peut.

Thémistocle et Auguste ne vécurent point longtemps ; comme ceux de leurs espèces, ils payèrent leur tribut à l'inclémence du climat de nos régions. Il est à remarquer que ces oiseaux du sud de l'Afrique, doués, à l'état libre, d'une extrême longévité, sont moins résistants, à part quelques exceptions, que leurs congénères des autres zones, au climat humide et changeant de l'Europe occidentale.

Le dernier perroquet dont je ferai mention avait vu le jour sur les bords du fleuve des Amazones, là où les oiseaux et les fleurs flamboient comme des astres errants à travers les frondaisons tropicales. C'était un lord à tête jaune, à bec blanc, à épaulettes rouges, aux ailes d'un vert brillant rehaussées d'un miroir rouge vif et bleu moiré. Il me fut expédié à Paris du Havre par un mien cousin qui se souvenait de mon engouement enfantin pour les individus de son espèce.

Un matin, une lettre nous annonça que le lendemain le train m'apporterait le nouveau débarqué; en même temps on nous envoyait son signalement et son répertoire. Son éducation faite à bord, nous disait la missive, laisse bien un peu à désirer : il barre les F et son vocable est parfois celui des portefaix, mais il est bien doué, il se civilisera.

J'allai le recevoir à son arrivée.

Avec la lettre de voiture, on me remit une note de soixante centimes pour nourriture au buffet de Rouen. Qu'avait bien pu prendre au susdit buffet notre oiseau! on n'a jamais pu le savoir. Ce n'était point du chènevis, car pour soixante centimes il en eût eu pour deux jours et le malheureux était affamé comme tout oiseau peut l'être, cahoté et privé de nourriture pendant un voyage de cinq heures. Les buffets des gares, quand ils peuvent jeter le grappin sur un voyageur qui ne regimbe point, il faut qu'ils lui arrachent une plume; c'est de règle, et celui de Rouen en la circonstance ne manqua pas à sa mission de détrousseur patenté.

J'avais le perroquet, c'était le principal.

Il était de toute beauté. Ce voyage l'avait un peu énervé,

puis il avait faim, en sorte que les premiers moments de la connaissance furent un peu tendus.

Cette aigreur de caractère ne m'inquiéta nullement, car j'avais assez manié de ses semblables pour savoir à quoi m'en tenir sur cette réserve du voyageur. On lui remit une collation dont il avait grand besoin, et avant de satisfaire l'envie que nous éprouvions de faire plus ample connaissance, on le laissa se reconnaître lui-même.

Ce perroquet ne fut affublé d'aucun nom romain ou grec, on l'appela tout simplement Jacquot.

Si son nom était des plus vulgaires, sa beauté et ses qualités familières ont fait de cet ami, trop tôt disparu, le spécimen le plus complet de ce qu'on peut attendre d'un animal de cette espèce.

Dès le lendemain, je m'aperçus que mon nouvel hôte était une nature; et je tiens à le consigner encore ici, chez les bêtes comme chez l'homme, on trouve des individualités, lesquelles, en conservant les grandes lignes inhérentes au genre, offrent des particularités qui rehaussent leur caractère.

Les premiers jours il se livra peu; j'opine à croire qu'il observait. Il est naturel que tout nouveau visage soit un sujet de préoccupation pour l'animal encore sur le seuil de la domestication.

Les enfants mêmes deviennent circonspects en présence d'un inconnu.

Devant les friandises reçues avec enthousiasme il se départit peu à peu de sa méfiance; il venait sur la main sans se faire prier, se laissait gratter sur la tête, mais il

Une note de soixante centimes!

avait toujours l'œil ouvert et le bec menaçait quelquefois.

A mesure qu'il se familiarisait, il divulguait ses talents de beau diseur et j'assure qu'il parlait aussi clairement que d'aucuns de la Comédie française, lesquels, sans posséder son beau plumage, n'ont point un ramage plus épuré quant à la diction.

Son répertoire était excessivement varié. Il chantait agréablement la chansonnette; il en connaissait plusieurs, non des meilleures, mais qui exigeaient un certain talent d'exécution. Il ne faut pas oublier qu'il avait été éduqué par des matelots; qu'importait le fond! en d'autres temps, il prenait les attitudes comiques d'un homme distrait sifflant un air. Alors, une patte sous sa gorge qu'il caressait béatement ainsi qu'un petit maître d'autrefois eût secoué son jabot de dentelles, il filait les sons les plus invraisemblables. Il chantait pour lui tout seul; c'était le solo bon enfant le plus réussi qu'on pût entendre, c'était à se tordre de rire.

Il connaissait aussi une chanson à boire; mais celle-là était pour la galerie, il lamimait, tournant et titubant comme un ivrogne. Au point de vue de l'éducation classique des perroquets j'ai pu constater en peu de temps que Jacquot était un oiseau de premier ordre. Il avait fait ce qu'on appelle pour la jeunesse ses humanités; il eût obtenu avec distinction un brevet de capacité.

Le point capital pour moi quand il s'agit de domestiquer une bête, c'est la camaraderie. Jacquot devenait très doux mais, à mon sens, il manquait encore d'abandon.

L'instruction était bonne, l'éducation laissait à désirer;

c'était donc le but vers lequel devaient tendre tous mes efforts.

Hélas ! ce ne fut point long ! Une circonstance pénible, à la fois pour moi et pour la pauvre bête, que je ne regrettai cependant point à cause des suites qui réalisèrent mes désirs au delà de toute espérance, me conquit à jamais le fier oiseau.

Je l'avais sorti de sa cage pour lui offrir une friandise que je tenais entre mes lèvres. Il la prit, la jeta immédiatement et tout aussitôt, son bec se glissant entre mes dents, m'empoigna la langue qu'il traversa de part en part. J'éprouvai une douleur si vive que sans réfléchir aux conséquences de mon action brutale, je lui donnai une calotte qui l'envoya rouler au bout de la chambre où il demeura les ailes étendues. Je crus l'avoir tué ! Ma colère tomba subitement, la douleur que j'éprouvai fit place à une douleur morale plus profonde et je me précipitai vers le pauvre oiseau. Je le ramassai. Il n'était qu'étourdi ; il reprit promptement ses sens. Son œil pâle me regarda si tristement que des larmes m'en vinrent aux yeux. Peu à peu, son regard reprit sa sérénité et il me lança ces mots attendris : « Bonjour, ma petite cocotte » !

Bon Jacquot ! il l'avait échappé belle ! un heureux hasard m'avait épargné un cruel remords.

A partir de ce jour je fus absolument son maître et il me voua une affection de caniche. A quelque heure du jour ou de la nuit que je rentrasse, il me saluait par un bonjour aimable avec un timbre de voix si doux que c'était un charme que de l'entendre. La nuit il écartait avec son bec le rideau qui voilait sa cage ; souvent je le prenais et quand il avait eu la caresse convoitée, il regagnait son logis et immédiatement il se remettait la tête dans ses plumes pour dormir.

Lorsque je travaillais, il aimait beaucoup à être auprès de moi. Cependant parfois son impertinent caquet afin d'at-

Je sentis mon veston fortement tiré.

tirer l'attention sur sa personne devenait si insupportable, que je me voyais obligé de le reléguer pour quelque temps dans un grand cabinet noir où l'obscurité le rendait muet.

Il arriva qu'un jour j'oubliai de fermer non seulement sa cage, mais encore la porte du sombre retiro.

Je m'étais remis à écrire quand au bout de vingt minutes environ j'entendis un petit bruit sur les barreaux de ma chaise; j'y fis d'abord peu d'attention, cependant le bruit se renouvela et je sentis mon veston fortement tiré.

C'était le prisonnier évadé qui grimpait après moi comme un matelot après les haubans. Se voyant découvert, il se glissa avec ardeur dans une poche; dans laquelle baissant la tête il se tint coi. Émerveillé de cette ruse charmante, je le flattai et il demeura ainsi jusqu'à la fin de mon travail.

Mais, c'était à table qu'il fallait le voir! Aimable commensal, il avait à l'occasion le mot pour rire, la répartie heureuse. Au milieu de la conversation lorsque quelqu'un prenait son verre il se mettait à chanter : « Je bois du vin clairet. »

J'avais un ami, souvent notre commensal, qu'il ne pouvait souffrir à cause de petites taquineries inoffensives dont il avait été l'objet de sa part. Celui-ci avait coutume de lui dire : « Toi, je te mangerai aux petits oignons. » Aussitôt Jacquot de descendre de l'endroit où il se trouvait, de saisir la nappe, de grimper sur la table l'œil en feu, de se précipiter à travers le service qu'il ne dérangeait nullement vers celui qu'il croyait son ennemi et alors de lui décrocher un « garde à vous » énergique. Puis il revenait vers moi, s'accouvait pour que je lui donnasse une caresse qu'il recevait en ouvrant les ailes comme une poule qui veut se laisser prendre, et en poussant de petits cris saccadés, de satisfaction.

Les œufs avaient pour lui un grand attrait. Quand il s'en trouvait sur la table dans une assiette, il faisait immédiatement irruption, allait droit vers eux, rejetait d'un coup de bec la serviette qui les couvrait, puis sans plus de façon s'accouvait dessus. Quand on prenait un des œufs, il rassemblait les autres et se remettait à nouveau en posture de couveuse.

Toutes ces petites manières nous divertissaient beaucoup. Lorsqu'on servait le café, autre antienne!

Il venait en prendre une gorgée dans ma tasse : alors son œil s'enflammait; c'était pour lui un plaisir sans pareil. Pour le satisfaire, je pris l'habitude de remplir une petite cuiller de sa liqueur favorite. Je la lui présentais, il la prenait de la patte droite et la portant à la hauteur de son bec il la buvait à petites gorgées. Quand il avait fini il retournait la cuiller, passait sa langue sur la partie convexe puis me la présentait gravement. Qui sait si cette passion pour le café, passion que notre faiblesse n'avait point su réprimer, n'a point abrégé ses jours!

Enfin, il a vécu heureux, que pouvons-nous demander de plus pour un animal.

Il nous a donné, sa vie durant, de bonnes joies; j'en conserve un aimable souvenir.

S'il avait pour moi une affection exclusive, il était devenu d'un commerce facile avec tout le monde et se montrait particulièrement courtois avec les femmes. Il n'avait pris en grippe que cet ami dont j'ai parlé et quelques fournisseurs qu'il gratifiait d'épithètes quelque peu injurieuses.

Je demeurais alors rue de l'Église, aux Batignolles, la croisée de la salle à manger donnait sur de vastes jardins plantés de grands arbres et notamment sur celui de M. le curé de Sainte-Marie-des-Batignolles. L'été, on mettait le perroquet à la fenêtre; exposé à l'air, heureux de vivre, il en dégoisait de toutes sortes : son répertoire de marinier y passait tout entier, en sorte qu'il finit par scandaliser quelques voisines. On se plaignit : un jour je reçus une lettre m'invitant à ne point exposer à la fenêtre un oiseau aussi mal embouché. Ces susceptibilités me parurent exagérées, je n'en continuai pas moins à mettre mon oiseau à l'air. Les visitandines de Nevers en avaient vu bien d'autres avec le fameux Vert-vert et elles n'en ont point eu pour cela leurs âmes ternies, que je sache.

Un dimanche, M. le curé accompagné de ses vicaires et d'autres invités était au jardin après dîner. Crac! Voilà mon perroquet qui se met à chanter ses chansons à boire et à lancer les mots salés qu'il avait appris sur le bateau; malicieusement il laisse de côté les phrases aimables qu'il avait coutume de débiter à ses connaissances. On s'empresse de le retirer par déférence pour les abbés, on le mit dans le cabinet noir. Je trouvai qu'au bout d'un quart d'heure la punition était suffisante et je le réinstallai à la fenêtre. Immédiatement il recommença ses invectives.

J'ai appris que les abbés n'avaient fait qu'en rire : la cause était gagnée.

Le matin, en ce temps-là, je n'avais pas coutume de voir chaque jour lever l'aurore, parfois je restais un peu tardivement au lit. Le premier soin de Jacquot était de demander sa liberté; on lui ouvrait sa cage et on le mettait à terre; tout aussitôt avec son allure dandinante inhérente à son espèce il se dirigeait vers ma chambre dont la porte était entr'ouverte puis à l'aide des rideaux, il grimpait sur mon lit. Une fois là, il s'approchait de ma figure avec des précautions infinies. Si j'avais les yeux fermés il se mettait sur ma poitrine, s'accouvait comme une poule attendant dans l'immobilité la plus complète que je fusse

Il suffisait de rouler une table.

réveillé. Si l'on entrait dans ma chambre il se dressait et envoyait, dans une tonalité comme étouffée à dessein, un « garde à vous » du plus haut comique. Il ne reprenait sa position première que lorsqu'on s'était éloigné ; à peine avais-je ouvert les yeux qu'il me saluait par un « bonjour » joyeux, ensuite il se glissait dans le lit à côté de moi.

Comment ne s'attacherait-on point à des animaux qui vous donnent des preuves aussi indéniables de leur affection ?

J'ai pu constater chez les perroquets verts, particulièrement chez ceux de l'espèce de celui dont je parle la joie extrême et presque fébrile avec laquelle ils accueillent certains bruits. Ainsi, il suffisait de traîner les pieds sur le parquet d'une manière soutenue ou de rouler une table pour qu'aussitôt l'oiseau déployât ses ailes et fît la roue avec une joie qui ne laissait aucun doute. La pupille se dilatait, devenait d'un rouge vif, les couleurs de son plumage brillaient tout à coup d'un éclat inaccoutumé.

Ce qu'il faut remarquer, c'est que ce n'est pas le bruit en lui-même qui les plonge en un aussi grand état de satisfaction, mais un certain bruit rythmé, très particulier. Chaque fois que Jaco se promenait en se pavanant de la sorte il ne manquait jamais de dire d'une voix forte roulant les *r* comme il roulait les prunelles : « Je suis un beau perroquet royal ».

Et il l'était vraiment.

Tous ces racontars sont certainement enfantins, de peu d'importance par eux-mêmes, seulement ils prouvent l'intelligence de l'espèce, les aptitudes particulières de chacun d'eux.

CHAPITRE VIII

CAPTIVITÉ MODESTE DES OISEAUX. — VOLIÈRES.

Sans être très partisan des cages, ces étroites prisons, pour enfermer des oiseaux, ces fanatiques de l'air et de la liberté, nous pensons que les grandes volières, bien aérées, renfermant quelques arbustes, s'il se peut, avec herbe, sable fin et eau, ont un attrait réel et se justifient pleinement par le plaisir qu'elles procurent et par les intéressantes observations auxquelles elles peuvent donner lieu.

Ce qui embarrasse souvent les éleveurs, c'est le choix de la nourriture.

Les oiseaux captifs en volière se divisent en granivores et en insectivores. Cependant, on sait qu'étant en pleine liberté, bien des granivores se montrent par instants insectivores, passant de la nourriture végétale à la nourriture animale. Pour quelques-uns, les chenilles, les larves, les insectes succèdent fort bien au millet ou aux graines diverses.

Si, dans une volière, on observe tout ce petit peuple ailé et qu'on ait installé divers récipients contenant chacun une nourriture différente : les uns des graines, les autres des pâtées de pain blanc ou d'œufs, même de viande hachée, on remarquera que les récipients sont visités, à quelques exceptions près, par tous les petits captifs. Ainsi, la mésange charbonnière, bien qu'elle soit particulièrement insectivore, ne boude pas devant une pâtée de chènevis écrasé avec diverses autres graines. Les pâtées d'œufs durs avec mie de pain trempée dans du lait, sont du goût de presque tous les oiseaux chanteurs. De la farine d'orge mêlée de graines de pavot mélangée d'herbes, convient à l'alouette ainsi qu'au bruant; toutefois celui-ci préfère la farine et les graines sans herbes.

Tous les passereaux sont friands de vers de farine, de viande hachée; en résumé, de nourriture animale. Toutefois, il ne faut pas en abuser, et nous pensons que la variété dans la nourriture des oiseaux captifs est absolument nécessaire pour les maintenir en bonne santé.

En volière, l'oiseau a besoin, jusqu'à un certain point, d'une nourriture animale répartie dans une juste mesure. Les verdures, les mourons sont choses excellentes, mais il s'agit de les donner dans une juste mesure. Ainsi, les chardonnerets, les serins, le bouvreuil interrompront aisément leur repas végétal pour prendre un ver de farine ou de l'œuf dur. Cette nourriture, fortifiante, leur donnera plus de vigueur, la procréation en captivité s'en ressentira. Livrés à eux-mêmes en liberté, les oiseaux ne sont jamais malades, parce que, d'abord, ils sont libres, ensuite, parce que leur admirable instinct leur fait changer de nourriture à leur gré; mais derrière les barreaux d'une cage, ils sont obligés de se restreindre au plat que vous leur servez, faute de quoi, de se passer de dîner, ce qui est pis pour eux, car un oiseau a besoin de manger très souvent. C'est cet assujettissement à une même nourriture, — laquelle n'est pas toujours celle qui convient à leur espèce, — qui, la plupart du temps, est la cause des mortalités que l'on constate dans les volières.

Une nourriture nécessaire dans une volière où l'on entretient un grand nombre d'oiseaux chanteurs, est celle-ci : du pain blanc bien cuit, amolli dans l'eau bouillante, puis arrosé de lait, le tout mélangé d'orge mondé. Quant aux vers de farine, ils sont d'un grand régal pour tous ces petits becs.

Volière.

Une volière bien agencée, dans laquelle seraient mêlés plusieurs espèces d'oiseaux, depuis la grive, le merle, l'alouette jusqu'au bengali, au bouvreuil, à la mésange, dans laquelle on servirait à chaque espèce la nourriture appropriée, serait, selon nous, celle où les individus auraient le plus de vigueur, et où l'on constaterait le moins de mortalité. La raison que nous en donnons est celle-ci : dans leur liberté relative, ils iront d'une table à l'autre, selon leur instinct, variant d'eux-mêmes leur régime, et leur santé s'en trouvera bien.

Lorsque la volière est spacieuse, il est très agréable pour un amateur chasseur d'y maintenir en liberté les oiseaux qu'il a blessés légèrement à la chasse ou les petits échassiers qu'il aura pu se procurer, après les avoir, au préalable, éjointés.

Il pourra ainsi étudier chaque jour, les mœurs de ces intéressants pensionnaires; les observations de chaque heure ne seront pas perdues pour l'avenir.

Je ne parlerai pas des perdrix qui se domestiquent si facilement qu'on peut leur donner la liberté; mais des échassiers, très curieux dans leurs mœurs, et d'une observation moins facile, parce que, généralement, on les croit réfractaires à l'acclimatation.

Rustiques, faciles à nourrir, sont les pluviers, les vanneaux, les barges, les courlis, les combattants, les râles d'eau, les poules d'eau et même les foulques. Pour ces deux dernières espèces, il est nécessaire que l'enclos renferme un bassin d'eau assez profond, avec des herbes aquatiques.

Tous ces oiseaux sont insectivores, mais on peut les accoutumer facilement à se nourrir de pain, de viande, et en partie de graisses. Ici encore l'œuf dur jouera un grand rôle! Une pâtée d'œufs durs hachés avec de la verdure et de petits vers de terre ou de farine, les accoutumera aisément à ce nouveau régime. Les vers devront être vivants, car c'est par leurs évolutions qu'ils attireront l'attention des oiseaux.

Aux pâtées d'œufs durs on substituera peu à peu la viande crue ou cuite, des pommes de terre cuites, le tout haché en petits morceaux ou en boulettes. Si la volière ne contient pas le bassin que nous souhaitons, il faut leur donner leur eau dans des vases conformes à la longueur de leur bec.

Pris très jeunes, les échassiers s'accoutument fort bien à la captivité, viennent quand on les appelle, et vont jusqu'à manger dans la main. Une fois qu'ils sont bien habitués à la volière, on peut les laisser en liberté dans le jardin ou dans une pièce. L'on assiste à leur développement qui se fait plus rapidement.

La grande volière bien agencée est un acheminement à l'élevage en grand, et procure de réelles satisfactions. Elle devient, pour qui le veut, un observatoire en permanence qui éclaircit bien des idées confuses, initie à bon nombre de mystères.

Quoique se résignant à une captivité qui leur est rendue d'autant moins pénible que l'espace qui leur est consacré est vaste, les oiseaux du pays ne dépouillent jamais le sentiment très vif de la liberté; beaucoup d'individus cependant, et cela dans presque toutes les espèces, arrivent à se domestiquer si parfaitement, surtout chez les oiseaux qui constituent, ce qu'on appelle le gibier, que l'on n'a plus besoin de surveiller les ailes.

On a vu des oiseaux s'éloigner de l'enclos, et y revenir le soir même ou à la mauvaise saison. Parmi les petits oiseaux, le rouge-gorge et le bouvreuil en sont une preuve.

Non seulement dans ces circonstances on constate chez l'oiseau l'instinct du bien-être, mais encore un sentiment affectueux pour celui qui l'a soigné. Le moineau, le plus indépendant des oiseaux, en témoigne. Combien d'autres encore qui ne demandent à l'homme que de bons traitements pour se familiariser avec lui! La volière est un moyen d'expérimenter toutes ces choses.

CHAPITRE IX

PROTECTION QUE L'ON DOIT AUX ANIMAUX. — LA LOI GRAMMONT. — LA SOCIÉTÉ PROTECTRICE DES ANIMAUX. — HÔPITAL POUR LES CHIENS A LONDRES. — LES COURSES DE TAUREAUX.

Après tant d'autres, nous avons démontré par une succession d'anecdotes que les animaux sont loin d'être une chose comme le pensent d'aucuns; que de plus, ils se montrent nos amis lorsque nous le leur demandons. Ils tiennent le second rang dans l'échelle de la création : l'homme est dans le mode majeur, la bête dans le mode mineur; comme telle, elle nous est soumise de par l'ordre supérieur. En un mot, elle est notre chose tout en étant un être doué de sensibilité et d'une espèce de raisonnement inductif : nous lui devons donc aide et protection.

Après le souci pour nos semblables lequel doit primer toutes nos préoccupations, notre sollicitude doit s'étendre à toutes les espèces de création inférieure jetées sur la terre pour notre utilité ou pour notre agrément.

Nous pouvons disposer des bêtes comme nous l'entendons, mais il est inhumain de les faire souffrir; de plus nous devons nous appliquer à leur rendre la vie la moins misérable possible.

L'homme d'abord, l'animal ensuite.

Quand il s'agit des bêtes, ayons toujours devant les yeux ces mots : justice et compassion.

Les enfants ont une tendance à en faire des souffre-douleur; c'est aux personnes raisonnables à leur démontrer ce qu'il y a de cruel dans une barbarie pour ces êtres passifs qui ne demandent qu'à les aimer.

Hélas! il n'y a pas que les enfants et encore quelques-uns seulement, car les mauvaises natures à l'aube de la vie sont relativement rares, qui se montrent obstinément leurs bourreaux, l'homme se révèle souvent un véritable tortionnaire pour ces pauvres êtres sans défense.

Les animaux les plus maltraités sont les chevaux et les chiens.

Il n'est peut-être pas de ville en Europe où le cheval soit aussi torturé qu'à Paris. Son existence est un martyre de tous les jours, de toutes les heures : charretiers, cochers de fiacre, de véhicules publics, palefreniers, rivalisent de cruautés envers ces misérables entre les plus misérables. Nous ne savons pas d'animal dont la vie depuis l'âge adulte jusqu'à sa dernière heure soit plus lamentable. Le cheval ne subit pas toujours le martyre final du chien confisqué par les pseudo-savants en vue de leurs criminelles expériences qui ne démontrent rien, mais toute sa carrière n'est qu'une suite de douleurs. Il n'a pas contre lui qu'une classe de sinistres farceurs, il a les brutes de toutes les classes. Bien qu'il soit docile, d'un courage à faire rougir ceux qui le mènent, il ne trouve que la misère. Tous ses services, sa longanimité, sont payés en tortures de toute sorte. On lui demande un travail au delà de ses forces, en plus, on ne le nourrit point.

Fardeaux excessifs, coups de pied, coups de manche de fouet sur la tête alors qu'une manœuvre imbécile a fait enliser les roues du fardier dans une ornière et rendent vains les efforts de ces courageuses bêtes se cabrant et hennissant sous la douleur sans pouvoir faire un pas, voilà ce qui se passe dans tous les chantiers de construction.

Si l'on faisait pleine justice, sur cent charretiers, il y en a pour le moins soixante-quinze qui chaque soir devraient être mis à pied, chassés de la maison dans laquelle ils travaillent; cela sans préjudice d'une condamnation en police correctionnelle.

Cependant la loi Grammont, cette loi humanitaire, une des meilleures qui aient été promulguées depuis un demi-siècle, n'a pas été abrogée! chacun voit journellement ces faits se renouveler, s'en indigne; malheureusement, on se contente d'une révolte intérieure ou d'une plainte platonique.

Le cheval et l'enfant sont à la merci de celui qui les possède, par conséquent, ils ne peuvent se défendre. Pour l'un comme pour l'autre, il y a devoir à dénoncer les bourreaux.

La société protectrice des animaux a une lourde tâche

qu'elle poursuit vaillamment, mais elle est souvent impuissante en présence de la veulerie des agents nommés pour faire respecter la loi. Il appartient à tous ceux doués de quelque compassion de se faire ses auxiliaires en requérant impérativement l'intervention de l'autorité pour faire punir les coupables.

Songeons à ces pauvres vies faites de douleurs tenaillées par la faim.

Les chiens en général sont moins maltraités que les chevaux parce que ceux qui les possèdent, les ont pour leur plaisir et qu'ils ne spéculent pas sur eux, par intérêt, comme on fait pour les premiers.

Mais l'autorité qui demeure impassible en face des mauvais traitements infligés aux chevaux, éprouve de temps à autre le besoin de les poursuivre à outrance. Sous prétexte de salubrité publique, les préfets de police donnent la main aux vivisecteurs des hôpitaux et opèrent dans les villes des râfles de ces bons animaux qu'ils collent au mur comme de simples communards pour en vendre les peaux ou pour faire des expériences plus ou moins scientifiques.

En des temps peu éloignés encore, on se souvient de la campagne répugnante entreprise contre ces véritables amis.

Il y a déjà plus de trente ans qu'il existe à Londres un vaste asile qu'on appelle le *Dog's House* (1).

C'est l'un des établissements charitables les plus prospères de l'Angleterre; il vient encore de s'enrichir d'un legs

(1) Asile pour chiens.

de 25,000 fr. fait par un ami des chiens. Ses ressources qui s'accroissent chaque année lui ont permis de recueillir 15,121 chiens abandonnés. Sur ce nombre, 3,225 ont été réclamés ou vendus; 676 chats seulement ont trouvé asile dans la maison; 183 y ont été placés comme pensionnaires payants par leurs propriétaires. On estime à plusieurs mil-

Son existence est un martyre!

lions le nombre des chiens que cet asile a sauvés de la misère ou d'une mort cruelle. C'est à rendre jaloux les toutous parisiens qui n'ont pour dernier refuge que le lit de la Seine avec une pierre au cou en guise d'oreiller.

On ne détruit que les animaux reconnus atteints d'hydrophobie. Encore, pour se débarrasser de ces bêtes dangereuses, a-t-on adopté un procédé prompt et sûr pour donner une mort sans douleur à ces pauvres malheureux. On prend un sac imperméable, large dans le haut, étroit au bas, dans lequel est fixée une éponge que l'on imbibe de chloroforme. Au haut, il y a une coulisse à élastique qui sert a nouer le sac autour du cou et à couvrir la tête d'un chien condamné : la mort est très rapide.

Il est bon de dire que la diminution de la rage parmi ces intéressants pensionnaires se rapproche presque de l'extinction complète de cette terrible maladie. Sur plus de douze mille chiens amenés une des dernières années à l'asile, deux seulement ont été trouvés atteints du fléau.

Quant aux pensionnaires reconnus sains, ils sont soignés et traités avec humanité ; ils couchent sur de la paille fraîche, reçoivent par jour une bonne ration de biscuit et peuvent se baigner : un abreuvoir est affecté à cet usage. Il y a un local, espèce d'infirmerie, où la nourriture est plus soignée, le coucher plus moelleux affecté aux lices, qui sont dans une situation intéressante.

Quelques-uns se trouvent si bien à l'hôpital, qu'ils ne le quittent qu'à regret pour suivre l'acheteur. On raconte même qu'un chien de chasse est revenu trois fois demander l'hospitalité après avoir été emmené par un nouveau maître.

Chaque année, a lieu une assemblée générale des membres et amis de cet asile temporaire. Lorsque le nombre des chiens admis se trouve en diminution, il coïncide avec une recrudescence des rigueurs de la police. Plus de la moitié des pensionnaires sont amenés à ce refuge par la police métropolitaine, quelques-uns y sont conduits par des particuliers afin de les faire abattre.

Une année on a trouvé de nouveaux propriétaires pour 3,118 chiens, dont 1,529 furent vendus et 1,589 restitués à leurs maîtres.

La réputation de cet établissement si connu, dont les bienfaits sont si justement appréciés par les Anglais est telle, que dans plusieurs localités éloignées de la capitale, on a demandé des renseignements sur sa construction afin d'en édifier de semblables.

Quand donc les âmes charitables se décideront-elles en France à faire une donation pour construire un lieu de refuge à l'usage des animaux perdus ou abandonnés. Il y a chez nous assez d'amis des bêtes pour espérer qu'un jour un établissement analogue verra le jour.

On est en train à Philadelphie de construire un hôpital pour les chiens qui dépassera en confortable celui de Londres.

L'hôpital sera aménagé de façon à contenir des salles de bains, des salles de cliniques, des salles d'isolement pour les animaux atteints de maladies contagieuses. Il sera chauffé par les procédés connus et éclairé à l'électricité. Plusieurs vétérinaires seront attachés à l'établissement, sans compter un personnel administratif de premier choix.

L'exemple serait bon à suivre.

Paris, la ville la plus industrieuse du monde pour beaucoup de choses a pour tout bien une fourrière, une géhenne dont le fonctionnement est des plus lamentables. S'il est vrai de dire qu'à Paris on aime les animaux individuellement, il faut avouer qu'ils sont horriblement maltraités par l'administration municipale.

D'abord, dès qu'un chien est triste ou a le poil embroussaillé, soit qu'il n'ait pas mangé, soit qu'il ait reçu quelques horions de jeunes vauriens en veine de se distraire, il est décrété atteint de la rage. Et ce sont les misères qui commencent! quand par hasard on ne le larde pas sur place sur la dénonciation d'un benêt de passage, il est conduit à la fourrière qui est bien plutôt une chambre mortuaire qu'un refuge, ainsi que cela devrait être. Au bout de trois jours, quand on attend ce temps, pendant lequel on lui a donné à peine de quoi manger, il est pendu. Ce serait un chien de grand prix, on n'y prend point garde! Tout chien que l'imprévoyance de son maître a laissé vagabonder est voué à trois jours de misère, de mauvais traitements qui précèdent une mort injuste et dont on ne cherche nullement à supprimer la douleur.

La police est toujours prête à tuer ces malheureux animaux, mais elle se montre réfractaire à punir les tortures qu'on inflige sous ses yeux aux pauvres chevaux.

Dans une certaine mesure, les courses de taureaux entrent dans le domaine des choses de la vie élégante, elles confinent aux sports; les animaux sont les facteurs principaux de ce divertissement si hautement prisé par delà les Pyrénées, et qui commence à n'être pas sans saveur pour quelques Français. Il n'est donc pas hors de propos de prendre ici part au débat pour lequel on se passionne, et qui déjà a fait couler pas mal d'encre sans rien avancer du tout.

Celui que je plains, c'est le cheval.

Nous ne prétendons point apporter une solution dans la question, nous nous bornerons à quelques réflexions que, nous l'espérons, ne désavouera pas le gros bon sens.

Chacun prend son plaisir où il le trouve. Aussi n'ai-je pas à tenter le procès de ceux qui ont un goût prononcé pour ce genre de spectacle, mais je crois pouvoir affirmer que la majorité des Français ont une aversion native pour ce divertissement qui rappelle trop vivement les scènes sanglantes des cirques du bas Empire.

Il a fallu l'occasion de l'Exposition et son décor de foire pour tenter chez nous l'acclimatation de ce spectacle malsain. A-t-elle réussi? Il est permis d'en douter, car malgré la curiosité toute naturelle que provoque toute nouveauté, les cirques, construits en vue de ces spectacles exotiques, ont été vendus comme matériaux ou en prévision d'exploitations autres.

Tout d'abord en cette circonstance comme en bien d'autres, on a fait les choses à demi et incomplètement. Dès le moment qu'on permettait les courses de taureaux — ce qu'on n'aurait pas dû faire parce qu'il est mauvais d'accoutumer le peuple à des spectacles sanglants — il fallait modeler ces courses point pour point sur celles qui ont lieu en Espagne, le pays légendaire, et que le drame se perpétrât dans toute sa rigueur par la mort du taureau. Certes, il ne me paraît pas plus cruel de faire tuer l'animal acteur principal, par le savant et élégant coup d'épée du Spada, que de le laisser harceler et souffrir sous le jeu des picadores. En supprimant la mort du taureau, on convertit tout simplement les courses en un exercice stupide et brutal. Cette demi-mesure a eu pour résultat de ne point satisfaire les amateurs passionnés de cet étrange spectacle, en outre, elle a écœuré les timides venus par curiosité.

Empêcher de tuer le taureau à l'issue d'une course comme cela se pratique en Espagne ressemble à la prohibition de servir le cerf à l'hallali. Tout cela est de la fausse sensiblerie, très voisine de la niaiserie.

Ce drame, atroce selon nous, se sauvait du banal par l'intervention de l'épée; en la supprimant, on ne le fait pas plus moral, tant s'en faut, mais on le rend grossier en lui enlevant le côté de grandeur par lequel il se soutenait.

La société protectrice des animaux a fait des démarches auprès des pouvoirs publics afin qu'on ne tuât pas le taureau. Sa réclamation qui s'appuyait sur un nombre considérable de pétitions a été entendue; nous voudrions la voir combattre avec persévérance dans le but d'obtenir la suppression absolue de ces jeux qu'on ne saurait qualifier d'innocents.

Ce qui m'intéresse le plus dans ces jeux barbares ce n'est point à coup sûr le taureau que je regarde au fond comme un animal de meute, bien qu'on lui ait de prime abord supprimé tous les moyens de défense en le mettant dans une enceinte de laquelle il ne peut s'échapper, ce qui lui donne une infériorité notoire sur la bête que l'on courre. Ce n'est pas non plus le toréador, car celui-ci agit sciemment, sait à quoi il s'expose; s'il continue son métier c'est par gloriole et par intérêt ou même par passion.

Le toréador risque sa vie auprès du taureau comme les

chasseurs risquent parfois la leur pour satisfaire leur passion.

Mais celui que je plains, qui m'émeut profondément, c'est le cheval! c'est lui qui est la victime douce et patiente; c'est en vue de lui uniquement que je voudrais voir cesser ces horribles spectacles.

On applaudit cruellement au bris des membres de la pauvre bête lorsqu'elle tombe agenouillée sur ses moignons sanglants. C'est une allégresse sans égale lorsque le cheval, poursuivant sa course dans l'arène, traîne ses entrailles comme un long voile rouge et n'est plus lui-même qu'une loque de pourpre. Et quand, vide de sang, à bout de forces, il s'appuie sur la balustrade pour s'abattre lourdement en faisant claquer ses os, c'est du délire.

Les exclamations : « Vive le taureau! bravo le taureau! » s'entre-croisent frénétiquement.

Parmi ceux qui applaudissent le plus, sont les jeunes et jolies femmes qu'un bouquet capiteux fait trouver mal! Ce sont elles qui battent des mains devant l'agonie de la malheureuse bête, laquelle peut-être en d'autres temps les a brouettées à leurs rendez-vous clandestins, elles et les boursicotiers. C'est tout simplement ignoble. Toutes celles dont les fibres ne tressaillent qu'à ces émotions sont bien réellement de petits animaux malfaisants n'ayant rien à envier au chat dont elles peuvent avoir la grâce, mais dont à coup sûr elles ont les instincts sanguinaires.

En Portugal, ce fut sous le règne de Joseph Ier qu'on tua le dernier taureau dans les arènes. A une des courses présidées par le roi, le comte d'Arcos ayant été tué d'un coup de corne dans le bas ventre, son père, vieillard déjà, grand écuyer du roi se précipita dans l'arène et, ramassant l'épée tombée de la main de son fils, la plongea entre les deux épaules du taureau et le tua net. A la suite de cet événement, le fameux marquis de Pombal voulut mettre fin à ces sortes de jeux, « le Portugal, édicta-t-il, n'était pas assez peuplé pour sacrifier un homme par taureau ». C'était juste.

Un taureau ne vaut pas le sacrifice d'un cheval, surtout quand le sacrifice revêt la forme d'un hideux éventrement. Il ne faudrait pas croire que tous les Espagnols soient fanatiques d'un spectacle auquel nos mœurs répugnent.

Si l'on ne supprime pas ces courses, nous souhaitons que dorénavant les chevaux soient remplacés par des bicyclettes et des tricycles! Ce sera un clou d'un nouveau genre à ajouter au spectacle, au moins il sera divertissant de voir les picadores ainsi montés s'escrimer contre un adversaire redoutable.

S'il prend fantaisie au taureau de s'embarrasser les cornes dans les rayons multiples de ces nouvelles montures, coiffé de la sorte il jettera une note gaie dans l'affaire. Ce sera en tout cas plus moral que de le voir plonger sa tête dans les entrailles fumantes du cheval agonisant et de les étaler sur le sable en guise de roses rouges aux yeux des femmes sensibles!

Il est pour le moins étrange qu'un pays qui prétend en tout se mettre à la tête du progrès, songe si peu que le champ de la civilisation est assez vaste pour que les bêtes elles-mêmes puissent et doivent en ressentir les effets ! elles sont souvent nos meilleurs amis, rappelons-nous-le.

Bien loin de nous abaisser en agissant ainsi nous honorons notre nature privilégiée.

Immédiatement après la charité, la plus radieuse des vertus, vient l'humanité !

FIN.

TABLE DES MATIÈRES

CHAPITRE PREMIER

CHAPITRE II

CHAPITRE III

CHAPITRE IV

CHAPITRE V

LES OISEAUX.

CHAPITRE VI

CHAPITRE VII

CHAPITRE VIII

CHAPITRE IX

FIN.

www.ingramcontent.com/pod-product-compliance
Ingram Content Group UK Ltd.
Pitfield, Milton Keynes, MK11 3LW, UK
UKHW020232220726
13923UKWH00002B/608

9 782019 32164